新工科建设·电子信息类系列教材

微机及单片机原理与接口实验

陆广平　周云龙　张兰红

刘丹丹　卜迎春　　编著

U0282892

电子工业出版社

Publishing House of Electronics Industry

北京·BEIJING

内 容 简 介

本书是配合"微机原理与接口""单片机原理与接口"等课程的教学和自学编写的实验指导书。本书系统地介绍了微机和单片机的实验台结构及实验开设，主要内容分为五篇：第一篇，微机及单片机通用系统板；第二篇，微机系统板；第三篇，单片机系统板；第四篇，微机原理与接口实验；第五篇，单片机原理与接口实验。书中提供了完整的参考程序和仿真电路，有助于学生提前预习，然后学生到实验室的实验台上完成硬件实验。另外，参考程序和仿真电路可以方便地移植到其他仿真平台和硬件平台。

本书可以作为高等学校电气类、电子信息类、自动化类、计算机类本、专科专业的微机及单片机相关课程的实验教材，也可以作为电子技术爱好者的自学教程。

图书在版编目（CIP）数据

微机及单片机原理与接口实验 / 陆广平等编著. — 北京：电子工业出版社，2022.6
ISBN 978-7-121-43640-6

Ⅰ. ①微… Ⅱ. ①陆… Ⅲ. ①微型计算机－理论－高等学校－教材 ②单片微型计算机－接口技术－高等学校－教材 Ⅳ. ①TP36

中国版本图书馆 CIP 数据核字（2022）第 093404 号

责任编辑：孟　宇
印　　刷：涿州市京南印刷厂
装　　订：涿州市京南印刷厂
出版发行：电子工业出版社
　　　　　北京市海淀区万寿路 173 信箱　　　邮编：100036
开　　本：787×1092　1/16　印张：10.75　　字数：240 千字
版　　次：2022 年 6 月第 1 版
印　　次：2023 年 1 月第 2 次印刷
定　　价：49.80 元

凡所购买电子工业出版社图书有缺损问题，请向购买书店调换。若书店售缺，请与本社发行部联系，联系及邮购电话：(010)88254888，88258888。

质量投诉请发邮件至 zlts@phei.com.cn，盗版侵权举报请发邮件至 dbqq@phei.com.cn。

本书咨询联系方式：mengyu@phei.com.cn。

前　　言

本书是为"微机原理与接口"和"单片机原理与接口"课程编写的实验指导书。"微机原理与接口"和"单片机原理与接口"都是实践性极强的课程，理论学习过程中必须有大量的实验作为支撑。本书是电气工程及其自动化、自动化、建筑电气与智能化、新能源科学与工程等相关专业的专业必修课教材，共分为五篇十章，五篇内容分为：第一篇微机及单片机通用系统板，第二篇微机系统板，第三篇单片机系统板，第四篇微机原理与接口实验，第五篇单片机原理与接口实验。十章内容分为：第 1 章供电电源，第 2 章通用系统板组成，第 3 章 8088 实验系统性能特点，第 4 章 8088 实验系统组成结构，第 5 章 51 单片机实验系统组成结构，第 6 章 8088 CPU 实验系统，第 7 章微机软件实验，第 8 章微机硬件实验，第 9 章单片机软件实验，第 10 章单片机硬件实验。

单片机是微型计算机发展的一个重要分支，一般情况下，高校先开设"微机原理与接口"课程，然后开设"单片机原理与接口"课程，这是两门电类专业必修课程，它们有很多共同知识点，核心板一个是 8086/8088 系统板，一个是 51 单片机系统板，而外设接口部分知识点是公用的。基于以上背景，本书采用了理论和仿真相结合的编写方式，学生可以提前利用仿真软件得到实验结果，然后在实验台上完成硬件实验，最后将实验结果与仿真结果进行对比，有助于学生更好地掌握理论知识。

本书第 1、5、6、7、8 章由陆广平、卜迎春共同编写，第 2 章由刘丹丹编写，第 3、4 章由张兰红编写，第 9、10 章由陆广平、周云龙共同编写。南京航空航天大学王友仁教授审阅了本书，提供了极具价值的修改意见。本书得到了盐城工学院教材出版基金的资助。另外，许多老师也给本书提出了许多宝贵的意见和建议，在此一并表示衷心的感谢。

为了方便读者学习，本书提供了配套的教辅资料，内容包括 Proteus 仿真电路、相应的源文件和工程文件，如有需要，读者可以联系编者。

由于编者水平有限，加之时间仓促，书中难免会有错误和不足之处，敬请各位读者批评指正。编者联系方式：lgp_byc@126.com。

编者

2022 年 3 月

目　　录

第一篇 微机及单片机通用系统板

第 1 章
供 电 电 源

1.1　供电总电源

　　实验台的电源总开关（带漏电保护）在台体右侧，电源插座在台体后侧，实验台的总电源指示灯在计算机显示屏右上方，打开电源总开关，总电源指示灯亮，如图 1-1 所示。

图 1-1　总电源指示灯

1.2　系统板工作电源

　　系统板工作电源在台体内，其工作电源开关在系统板右上方。如图 1-2 所示，打开该开关，台体内的开关电源开始工作，系统板电源区域右上方指示灯亮。此时系统板上的 Power Switch 开关拨在 ON 位置，该开关下面的系统板电源+5V、+12V、−12V 指示灯全亮，如图 1-3 所示。另外，小插孔+5V、+12V、−12V 可以对外供电。

图 1-2　工作电源开关

图 1-3　系统板电源开关和指示灯

1.3　模块供电电源

在系统板的中间有 7 个白色插座，有 2 芯的，有 4 芯的，如图 1-4 所示，它们是模块的供电电源插座。2 芯的插座从左到右依次是+5V 和地，4 芯的插座从左到右依次是+5V、地、–12V、+12V，在独立模块上也有相同的插座，使用插座时通过 2 芯线或 4 芯线连接。

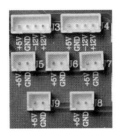

图 1-4　模块供电电源插座

第 2 章

通用系统板组成

2.1 一路逻辑笔测量电路

一路逻辑笔测量电路的原理图和实物图分别如图 2-1、图 2-2 所示。Ui 为电平输入端，当 Ui 输入高电平时，LED 灯亮，同时当 JB1 连 BELL 时（接上喇叭），喇叭会发出一定频率的声音；当 Ui 输入低电平时，LED 灯灭，喇叭无声；当 Ui 悬空时，LED 灯亮，但喇叭无声。

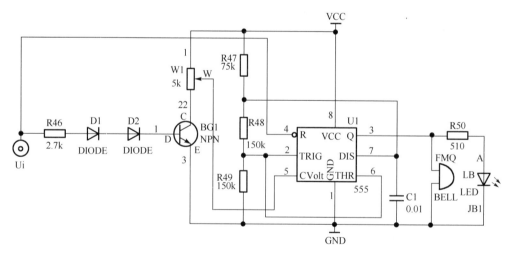

图 2-1　一路逻辑笔测量电路原理图

图 2-2　一路逻辑笔测量电路实物图

2.2　一路模拟电压产生电路

一路模拟电压产生电路的实物图和电路原理图如图 2-3 所示，其中 Vout 插孔的输出电压为 0～5V。

图 2-3　一路模拟电压产生电路的实物图和电路原理图

2.3　单脉冲发生电路

单脉冲发生电路的输出为 SP1、$\overline{SP1}$、SP2、$\overline{SP2}$，该电路的作用是每按下一次按钮，同时输出一个正脉冲和一个负脉冲，即给实验提供单脉冲信号。单脉冲发生电路原理图和实物图分别如图 2-4、图 2-5 所示。

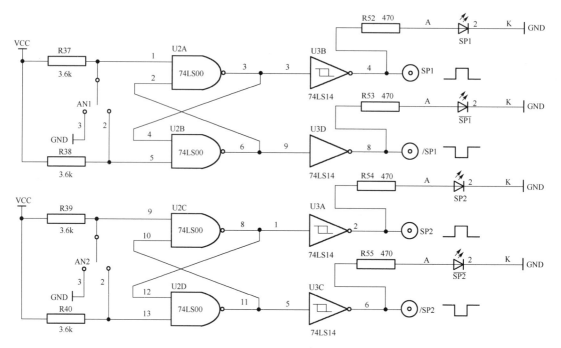

图 2-4 单脉冲发生电路原理图

图 2-5 单脉冲发生电路实物图

2.4 固定脉冲发生电路

固定脉冲发生电路原理图和实物图分别如图 2-6、图 2-7 所示，7 路固定脉冲分别为 T7～T1，各自对应的频率值分别为 1Hz、100Hz、1kHz、10kHz、100kHz、500kHz、1MHz。该电路能给实验提供不同的固定脉冲源，其中，输出 T7 与 LED 灯 LT7 相连。

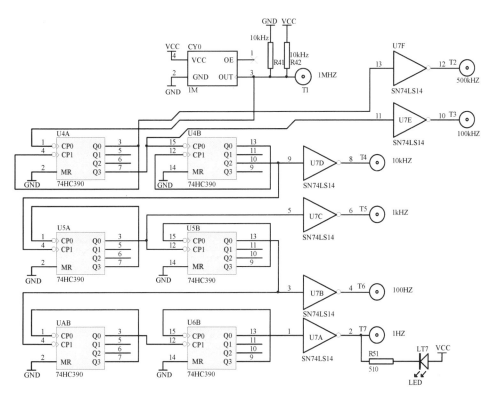

图 2-6 固定脉冲发生电路原理图

图 2-7 固定脉冲发生电路实物图

2.5 开关量输入显示电路

开关量输入显示电路原理图和实物图分别如图 2-8、图 2-9 所示。该电路是带有驱动的 8 路 LED 灯，当接入高电平时，所有 LED 灯亮，当接入低电平时，所有 LED 灯灭。该电路用于观察简单的实验结果，也可以模拟交通灯控制实验。图 2-9 中的 L0～L7 为引出插孔，JL 为引出插座。

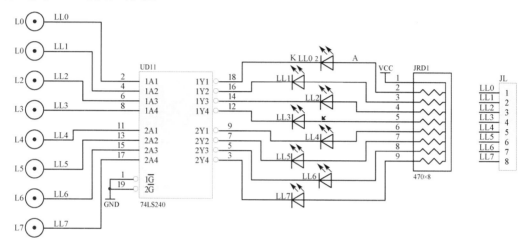

图 2-8　开关量输入显示电路原理图

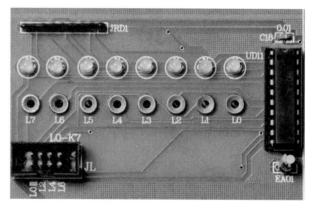

图 2-9　开关量输入显示电路实物图

2.6 开关量输出显示电路

开关量输出显示电路原理图和实物图分别如图 2-10、2-11 所示。该电路中的输出为 K1～K8，当开关 K 拨在左面时，输出高电平（"1"电平），当开关 K 拨在右面时，输出低电平（"0"电平），本电路为实验提供 TTL 高低电平。图 2-11 中的 K1～K8 为引出插孔，JK 为引出插座。

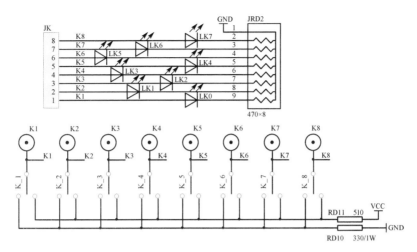

图 2-10　开关量输出显示电路原理图

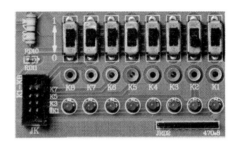

图 2-11　开关量输出显示电路实物图

2.7　32KB 存储器扩展电路

当实验使用的核心板为 51 单片机系统时，外部扩展 32KB 静态存储器，其片选信号插孔为 RAM_CS。32KB 存储器扩展电路原理图和实物图分别如图 2-12、图 2-13 所示。

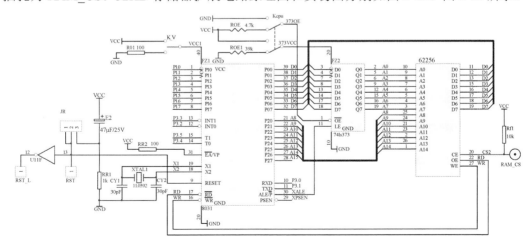

图 2-12　32KB 存储器扩展电路原理图

图 2-13　32KB 存储器扩展电路实物图

第二篇　微机系统板

第 3 章

8088 实验系统性能特点

3.1 8088 实验系统的技术指标

8088 实验系统的主要技术指标如下。

（1）主 CPU 为 8088 CPU，其主频为 4.77MHz，并以最小工作方式构成系统。

（2）提供标准 RS232 通信接口，实现微机系统板与计算机联调。

（3）系统以一片 62256 静态 RAM 构成系统的 32KB 基本内存，地址范围为 00000H～07FFFH。其中 00000H～004FFH 为系统数据区，00500H～00FFFH 为用户数据区，01000H～07FFFH 为用户程序区。

（4）具有通用外围电路，包括逻辑电平开关电路、发光二极管显示电路、时钟电路、单脉冲发生电路、模拟电压产生电路等（在通用系统板上）。

（5）配置 4×4 矩阵键盘、8 个动态数码管显示器、继电器及驱动电路、直流电机转速测量及控制驱动电路、步进电机及驱动电路、电子音响及驱动电路。注意，以上电路都是独立模块。

（6）提供微机常用的 I/O 接口芯片，包括定时/计数器接口芯片（8253A）、并行接口芯片（8255A）、A/D 转换芯片（ADC0809）、D/A 转换芯片（DAC0832）、两片中断控制器接口芯片（8259A）、经典键盘显示接口芯片（8279A）、DMA 控制器 8237A、串行通信接口芯片（8251A）等。注意，以上接口芯片都是独立模块。

（7）扩展有新型串行通信接口电路 16C550、16×16 点阵 LED 显示电路等。注意，以上电路都是独立模块。

（8）在电路设计中增加保护措施，避免学生因错接而损坏器件。

（9）实验电路的连接采用自锁紧插座及导线，消除接触不良现象。

（10）工作电源电压为(5±5%)V 或者(±12±5%)V，工作电流不大于 1A，开关机瞬间及工作正常时电源毛刺必须小于 0.5V。

（11）配备中文 Windows 9X/2000/XP 界面调试软件及实验演示软件。

（12）系统能以单步、断点、连续等方式调试运行各实验程序。

（13）使用环境：环境温度为 0～40℃，无明显潮湿、无明显振动及碰撞。

3.2　8088 实验系统的资源分配

1．存储器分配

8088 CPU 有 1MB 存储空间，系统提供给用户使用的空间为 00000H～07FFFH，用于存放调试实验程序，系统板的存储地址分配如表 3-1 所示。

表 3-1　系统板的存储地址分配

区域	存储地址
中断矢量区	00000H～000FFH
系统数据区、系统堆栈区	00100H～004FFH
用户数据区	00500H～00FFFH
用户程序区、用户堆栈区	01000H～07FFFH

中断矢量区的存储地址为 00000H～000FFH，具有单步（T）、断点（INT3）、无条件暂停（NMI）等系统功能。用户可以更改中断矢量区中的这些矢量，以指向用户的处理，但是修改后的这些矢量将失去相应的单步、断点、无条件暂停等系统功能。

2．输入/输出接口地址的分配

输入/输出（I/O）接口地址的分配如表 3-2 所示。

表 3-2　输入/输出（I/O）接口地址的分配

电路名称	I/O 接口地址	
用户 I/O 扩展口	Y0：00H～0FH　Y6：60H～6FH　Y7：70H～7FH	
系统板上的 8253A 定时/计数器接口	通道 0 计数器 48H 通道 2 计数器 4AH	通道 1 计数器 49H 通道 3 控制寄存器 4BH
8259A 中断控制器接口 或连译码输出 CS6	命令寄存器 20H	状态寄存器 21H
8279A 键盘显示口 或连译码输出 CS5	数据口 0DEH	命令状态口 0DFH
8251A 串行接口 或连译码输出 CS4	数据口 50H	命令状态口 51H

第 4 章

8088 实验系统组成结构

8088 实验系统由通用系统板、8088 CPU 核心模块和独立实验模块组成。

4.1 通用系统板

通用系统板中有实验所必需的一系列通用外围电路，包括逻辑电平开关电路、发光二极管显示电路、时钟电路、单脉冲发生电路、模拟电压产生电路。另外，通用系统板中还有系统总线扩展插座和一组门电路。

（1）逻辑电平开关电路

该电路提供 8 个逻辑电平开关，每个输出端都有一个插孔，分别标有 K1～K8。当开关向上拨时，输出高电平"1"，当开关向下拨时，输出低电平"0"。另外，该电路中还配置了 JK 插座，K1～K8 也可以通过 JK 插座输出。

（2）发光二极管显示电路

该电路共有 8 个发光二极管，其输入端有 8 个插孔，分别标有 L0～L7，对应 0～7号发光二极管。当输入端为高电平"1"时，发光二极管全亮；当输入端为低电平"0"时，发光二极管全灭。另外，配置了 JL 插座，L0～L7 也可以通过 JL 插座输入。

（3）时钟电路

时钟电路的时钟信号分多档输出，其频率范围为 1Hz～1MHz。该电路的 7 路输出分别为 T1、T2、T3、T4、T5、T6、T7，其对应的输出频率分别为 1MHz、500kHz、100kHz、10kHz、1kHz、100Hz、1Hz。该电路供 ADC0809 转换器、8253A 定时器/计数器、8251A串行接口实验使用。

（4）单脉冲发生电路

单脉冲发生电路采用 RS 触发器产生正负单脉冲。该电路的工作原理是，每按下一次 AN 按钮，就可以从两个插座上分别输出一个正脉冲和一个负脉冲。该电路供中断、DMA、定时器/计数器等实验使用。

（5）模拟电压产生电路

该电路提供一路 0～5V 模拟电压信号 Vout，供 A/D 转换实验使用。

（6）一组典型门电路和复位电路

包含一个与门、一个或门、两个非门、一个触发器、一个复位电路，输出一个高电平复位信号 RST 和一个低电平复位信号 RST，供部分接口器件使用。

（7）系统总线扩展插座

① 扩展 8 位数据总线输出插座分别为 JD1～JD5。

② 扩展低 8 位地址总线插座 JA1 和高 8 位地址总线插座 JA2。

③ 扩展 2 芯+5V 电源插座 J5～J9。

④ 扩展 4 芯+5V、+12V、−12V、GND 插座 J2～J4。

4.2 8088 CPU 核心模块

8088 CPU 核心模块由时钟电路（晶振）、复位电路、8088 CPU、数据缓冲器（DB）74LS245、高低位地址锁存器 74LS273、监控 EPROM、时序和逻辑控制器 FPGA 及部分总线插座组成。8088 CPU 核心模块部分原理图如图 4-1 所示。

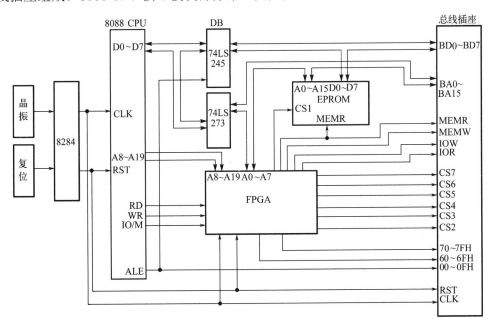

图 4-1 8088 CPU 核心模块部分原理图

8088 CPU 核心模块部分实物图如图 4-2 所示。

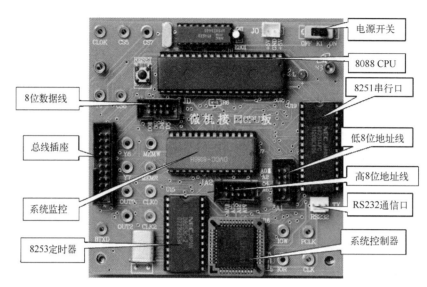

图 4-2　8088 CPU 核心模块部分实物图

4.2.1　8088 CPU 核心模块的主要组成

8088 CPU 核心模块的主要组成如下。

（1）集成有 8088 主 CPU，并以最小工作方式构成系统。

（2）提供标准 RS232 通信接口，以连接计算机。

（3）以一片 62256 静态 RAM 构成系统的 32KB 基本内存，其地址范围为 00000H～07FFFH。其中，00000H～004FFH 为系统数据区，00500H～00FFFH 为用户数据区，01000H～07FFFH 为用户程序区。

（4）一片 EPROM 27512 作为系统的监控，控制系统的运行。

（5）一片 8253 定时/计数器和串行通信芯片 8251 及电平转换电路，实现与计算机端的通信，以调试和运行用户的实验程序。

（6）CPLD 控制电路，作为系统时序逻辑控制电路和用于译码控制分配。

（7）一片 8284 作为时钟发生器，为 8088 CPU 提供工作时钟。

4.2.2　8088 CPU 核心模块的插座和按键定义

8088 CPU 核心模块的主要组成如下。

（1）TX：RS232 通信接口，用于与计算机的联机通信，用于调试用户实验程序。

（2）小复位按钮 RESET：用于复位。当每次要重新联机时，都需要按一次该按钮。

（3）J0：电源插座，模块供电电源，用 2 芯排线从主板接入。

（4）开关 K1：模块电源开关，当开关在 ON 位置时，接通模块电源。

（5）模块接口插座 JKZ0。JKZ0 采用 20 芯双排线，引出数据总线 D0～D7、地址总线 A0～A2、I/O 读写信号 IOW 和 IOR、复位 RST、时钟 CLK、中断应答信号 INTA 和 INTR、电源 VCC、地 GND 等，供模块电路使用。

（6）引出插孔

VCC：+5V 电源输入。在系统独立使用时，作为+5V 电源输入。

GND：系统电源地。在系统独立使用时，作为电源地输入。

CLOK：时钟输出，用作外部接口器件的时钟信号，这里作为 8279 键盘显示控制器的时钟。

CS5：I/O 译码输出，其地址是 0DEH～0DFH。

CS6：I/O 译码输出，其地址是 20H～21H。

CS7L：存储器译码输出，其地址是 8000H～0FFFFH。

Y0：I/O 译码输出，其地址是 00H～0FH。

Y6：I/O 译码输出，其地址是 60H～6FH。

Y7：I/O 译码输出，其地址是 70H～7FH。

MEMW：外部存储器扩展写信号。

MEMR：外部存储器扩展读信号。

IOR：外部 I/O 口扩展读信号。

IOW：外部 I/O 口扩展写信号。

8TXD：串行接口 8251 的串行输出引脚。

CLK0：定时/计数器接口 8253 的通道 0 的时钟输入引脚。

OUT0：定时/计数器接口 8253 的通道 0 的输出引脚。

CLK2：定时/计数器接口 8253 的通道 2 的时钟输入引脚。

OUT2：定时/计数器接口 8253 的通道 2 的输出引脚。

JD：8 位数据总线插座，其各引脚对应的信号与通用系统板上的 JD1～JD5 插座各引脚对应的信号相同。

JA1：低 8 位地址总线，其各引脚对应的信号与通用系统板上的 JA1 各引脚对应的信号相同。

JA2：高 8 位地址总线，其各引脚对应的信号与通用系统板上的 JA2 各引脚对应的信号相同。

第三篇 单片机系统板

第 5 章

51 单片机实验系统组成结构

在进行实验时，可以选择 51 单片机仿真功能，也可以选择在线下载 ISP 功能，但是只能选取其中一种。注意，不使用的功能要从插座上取下。

5.1 51 单片机仿真器

51 单片机仿真器接入插座的实物图和电路原理图如图 5-1 所示。

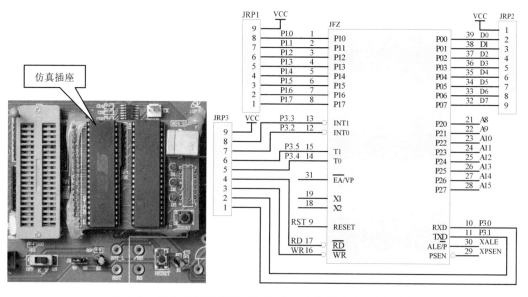

图 5-1　51 单片机仿真器接入插座的实物图和电路原理图

在使用 51 单片机仿真器进行实验时，需要将 51 单片机仿真器插入插座，将 51 单片机仿真器与计算机之间用专配的 USB 线相连，即可进行实验。51 单片机仿真器的使用方法将在本书的 9.3.1 节进行详细介绍。

51 单片机仿真器上有一个复位按钮 RESET，在与计算机连接时，通常需要按下该复位按钮。

5.2　在线下载 ISP

小系统实验板下载插座如图 5-2 所示，小系统实验板实物图如图 5-3 所示。做硬件实验之前，需要把小系统实验板插到插座上，然后用 ISP 的下载方法把用户编写的程序下载到单片机中，ISP 下载的方法将在本书的 9.3.2 节进行详细介绍。

图 5-2　小系统实验板下载插座

图 5-3　小系统实验板实物图

5.3　51 单片机实验插座

（1）JKZ0 插座：外部扩展模块总线插座，其各引脚对应的信号如图 5-4 所示。

CLK	INTR	RST	$\overline{RD}$	A1	D7		D5	D3	D1	地
2	4	6	8	10	12		14	16	18	20
1	3	5	7	9	11		13	15	17	19
+5V	ALE	INTA	$\overline{WR}$	A2	A0		D6	D4	D2	D0

图 5-4　JKZ0 插座及其各引脚对应的信号

（2）JU2 插座：51 单片机 P1 口引出插座，其各引脚对应的信号如图 5-5 所示。

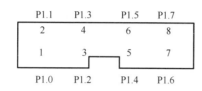

图 5-5　JU2 插座及其各引脚对应的信号

（3）JA2 插座：51 单片机 P2 口（P2.0～P2.7 对应高位地址线 A8～A15）引出插座，其各引脚对应的信号如图 5-6 所示。

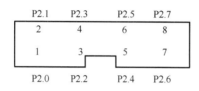

图 5-6　JA2 插座及其各引脚对应的信号

（4）JU6 插座：51 单片机 P3 口引出插座，其各引脚对应的信号如图 5-7 所示。

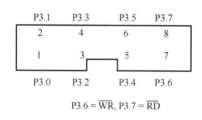

P3.6 = $\overline{\text{WR}}$，P3.7 = $\overline{\text{RD}}$

图 5-7　JU6 及其各引脚对应的信号

（5）JA1 插座：低位地址线插座，51 单片机的外部扩展数据总线经 ALE 信号锁存后的低位地址线 A0～A7。JA1 插座及其各引脚对应的信号如图 5-8 所示。

图 5-8　JA1 插座及其各引脚对应的信号

（6）JD1～JD5 插座：51 单片机外部扩展数据总线引出插座，其各引脚对应的信号如图 5-9 所示。

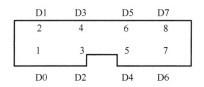
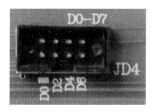

图 5-9　JD1~JD5 插座及其各引脚对应的信号

（7）Y0~Y7 插孔：51 单片机地址译码输出插孔，其对应的片选地址如下：

Y0：8000H　　Y1：9000H　　Y2：0A000H　　　Y3：0B000H　　　Y4：0C000H

Y5：0D000H　Y6：0E000H　　Y7：0F000H。

51 单片机地址译码输出插孔电路原理图如图 5-10 所示。

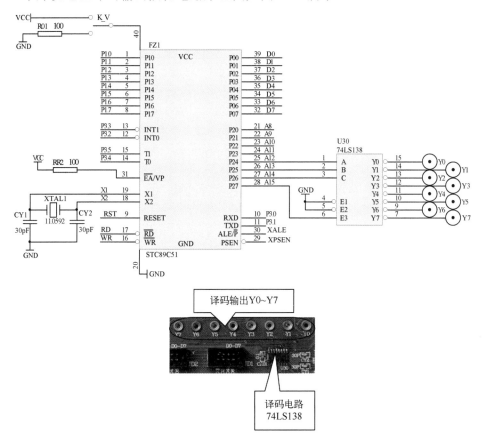

图 5-10　51 单片机地址译码输出插孔电路原理图

（8）P0.0~P0.7，P1.0~P1.7，P2.0~P2.7，P3.0~P3.7 插孔：分别是 51 单片机 I/O 口的引出插孔。

（9）开关 Kcpu：51 单片机系统与 8088 微机接口系统切换开关，当使用 51 单片机时，将该开关拨在 51 位置；当使用 8088 微机时，将该开关拨在 88 位置，如图 5-11 所示。

图 5-11　系切换开关

第四篇 微机原理与接口实验

第 6 章

8088 CPU 实验系统

6.1 8088 CPU 实验系统安装

6.1.1 软件安装

首先将文件夹 DVCC-51 复制到用户自己的目录中，但不要复制在中文目录下，然后单击运行安装文件 setup.exe，按提示进行安装。安装完成后，在安装目录中，单击 ![dv88.exe DVCC] 图标，出现如图 6-1 所示的系统开发界面。单击系统开发界面工具栏上的"联接" ![联接] 按钮，检测 8088 CPU 是否与计算机通信正常，若正常通信，则出现如图 6-2 所示的联机成功界面。

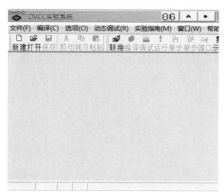

图 6-1 系统开发界面

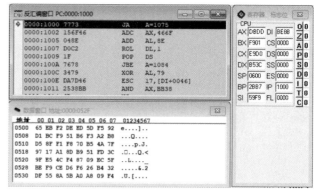

图 6-2 联机成功界面

6.1.2　硬件安装

（1）在使用 8088 CPU 时，主板上的 51 单片机仿真器必须取下，同时主板上的开关 Kcpu 要拨在 88 位置。

（2）将 8088 CPU 接入扩展模块区右上角的位置（若该位置上有其他模块，则需要将其取下）。

（3）使用 20 芯排线将 8088 CPU 上的一个 20 芯的 JK 插座连到通用系统板的 JKZ0 上。

（4）将一根专用通信线的一头（3 芯插头）插入 8088 CPU 上的 TX（RS232 通信座）位置，另一头（9 芯插头）插入计算机的串行口 COM1 或 COM2。

（5）先给实验台通电，再接通实验板和 8088 CPU 上的电源，将 8088 CPU 上的开关 K1 拨在 ON 位置，8088 CPU 电源指示灯亮，指示实验系统进入工作状态。

（6）在计算机上运行刚安装好的软件"dv88.exe"，然后单击"联接" 联接 按钮，界面上出现联机成功后的反汇编窗口，若联机失败，则需要按一下 8088 CPU 上的 RESET 复位按钮，再重新进行联机。

上述步骤完成后，8088 CPU 实验系统软件、硬件均已经安装完毕。若发生错误，则应按上述步骤找出具体原因并加以解决。

6.2　8088 CPU 实验系统启动运行

完成 6.1 节所述的安装工作，并在确认通信电缆已连好后，运行 dv88.exe 软件，按照软件使用说明进入通信状态。

第 7 章

微机软件实验

实验一 DEBUG 调试命令

一、实验目的

（1）学习、了解 DEBUG 常用命令。

（2）理解 8086/8088 CPU 各种寄存器的作用。

（3）了解在 DEBUG 调试中是如何利用 R 命令来观察标志寄存器中的标志位的。

（4）了解 DOSBox 的使用。

二、实验内容

熟悉并掌握 DEBUG 常用命令，理解 8086/8088 CPU 各种寄存器的作用。

三、实验步骤

由于 Windows 7 以上的操作系统自带的微软磁盘操作系统（MS-DOS）不支持汇编程序，因此需要首先安装 DOSBox 软件，按提示进行安装，安装好后出现如图 7-1 所示的初始界面。其次需要按照要求一步步往下做，理解 DEBUG 命令的作用。

假设 DEBUG.EXE 存放在 D 盘文件夹 SY1 中，在如图 7-1 所示的界面上输入 MOUNT E D:\SY1，然后按下回车键，再输入 E:，然后再次按下回车键，出现如图 7-2 所示的 DOSBox 虚拟界面。

DEBUG 常用命令的主要作用是纠错，纠正汇编程序中的错误。DEBUG 常用命令还可以编写短的汇编程序，尤其对于初学者而言，DEBUG 常用命令更是很好的入门工具。输入 DEBUG 命令进入如图 7-3 所示的 DEBUG 等待界面。

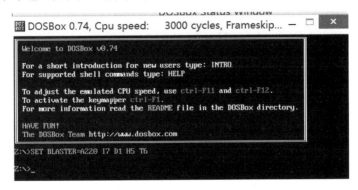

图 7-1 DOSBox 初始界面

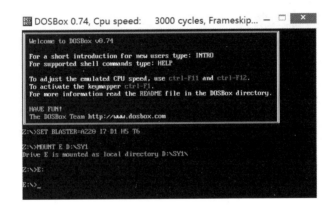

图 7-2 DOSBox 虚拟界面

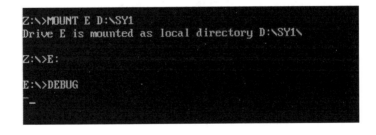

图 7-3 DEBUG 等待界面

DEBUG 常用命令如下。

（1）A 命令，编写的程序地址是从 100H 存储单元开始存放的，系统以十六进制数进行存储。首先输入地址 100，然后按照下面的步骤进行操作，分号后面的内容是注释，每步操作结束后都需要按下回车键。

① 输入 A100，从 CS:100H 开始汇编。

② 输入 MOV DL,45，将数值 45H 送入 DL 寄存器中。

③ 输入 MOV AH,2，将数值 02H 送入 AH 寄存器中，调用 02H 功能。

④ 输入 INT 21，调用 DOS 21H 号中断，用来逐个显示装入 DL 寄存器中的字符。

⑤ 输入 MOV AH,4C，调用 4CH 功能。

⑥ 输入 INT 21，调用 DOS 21H 号中断，并退回到 DOSBox 界面，汇编语言程序所对应的机器码已经放入内存中。

⑦ 按下回车键，输入 G（运行），屏幕上会输出符号"E"，显示结果如图 7-4 所示。

（2）U 命令，使用 U 命令将机器码反汇编成汇编指令，将存储在内存中的机器码反汇编成汇编指令，8086/8088 就是以机器码来执行程序的。

输入 U100,108，DOS 窗口如图 7-5 所示，汇编指令与存储在内存中的机器码一一对应。

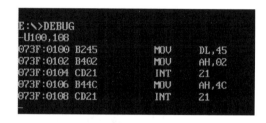

图 7-4　DEBUG 显示字符界面　　　　　　　图 7-5　DOS 窗口

（3）R 命令，使用 R 命令来查看、改变寄存器的内容。CS:IP 保存了执行指令的地址。输入 R 命令，DOS 窗口显示 CPU 各个寄存器的内容，显示结果如图 7-6 所示。

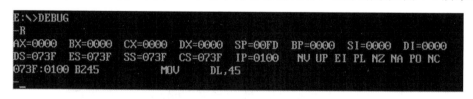

图 7-6　CPU 各个寄存器的内容

因为程序从 CS:100 开始执行，所以在程序终止时，可以得出程序占用的空间如下：

AX=0000 BX=0000 CX=0000 DX=0000 SP=00FD BP=0000 SI=0000 DI=0000

DS=073F ES=073F SS=073F CS=073F IP=0100 NV UP EI PL NZ NA PO NC

073F：0100　B245　MOV DL,45。

若要将此程序存储成一个独立的可执行文件（注意，这个可执行文件一定要为.COM文件，否则无法以 DEBUG 形式载入），则需要执行如下步骤。

① 输入 N S1.COM，需要明确 DEBUG 程序长度：程序从 100 开始到 108 结束，故占用 8 字节。这里使用 BX 寄存器存放长度值高位部分，CX 寄存器存放长度值低位部分。

② 输入 RBX，查看 BX 寄存器的内容，由于本程序只有 8 字节，因此本步骤可省略。

③ 输入 RCX，查看 CX 寄存器的内容。

④ 输入 8，程序的字节数。

⑤ 输入 W，使用 W 命令将该程序写入（Write）磁盘中，写入的结果如图 7-7 所示，然后在之前创建的 D 盘文件夹 SY1 中即可看到文件 S1.COM。

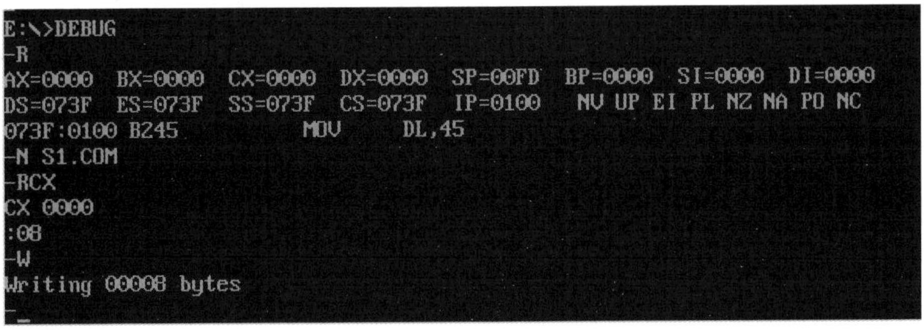

```
E:\>DEBUG
-R
AX=0000  BX=0000  CX=0000  DX=0000  SP=00FD  BP=0000  SI=0000  DI=0000
DS=073F  ES=073F  SS=073F  CS=073F  IP=0100    NV UP EI PL NZ NA PO NC
073F:0100 B245          MOV     DL,45
-N S1.COM
-RCX
CX 0000
:08
-W
Writing 00008 bytes
```

图 7-7　写入的结果

四、思考题

假设 DEBUG.EXE 存放在 C 盘文件夹 SY1 中，那么如何输入命令进入 DOSBox 的虚拟界面？

实验二　在显示屏上显示多行字符串

一、实验目的

（1）掌握模块化微机原理与接口技术实验台的使用方法。

（2）掌握 Intel 8088 汇编语言的基本编程方法和 DOS 系统的调用。

二、实验内容

若要实现在显示屏上显示多行字符串，则需要分别用 DOS 系统功能调用中的 2 号功能和 9 号功能实现，第一行显示'hello,everyone!'，第二行显示'my name is xxx'，第三行显示'www.ycit.cn'。

三、参考程序

（1）用 2 号功能实现的参考程序如下。

```
    CRLF  MACRO
          MOV   DL, 0DH
          MOV   AH, 02H
```

```
            INT    21H
            MOV    DL, 0AH
            MOV    AH, 02H
            INT    21H
    ENDM

    DATA   SEGMENT
    DATA1  DB   'hello,everyone!'
    DATA2  DB   'my name is xxx'
    DATA3  DB   'www.ycit.cn'
    DATA   ENDS

    CODE   SEGMENT
    ASSUME CS: CODE, DS: DATA
    START: MOV    AX, DATA
            MOV    DS, AX
            LEA    SI, DATA1
            MOV BX,15
            CALL      DISPL
            CRLF                          ; 回车换行
            LEA    SI, DATA2
            MOV    BX, 14
            CALL   DISPL
            CRLF                          ; 回车换行
            LEA    SI, DATA3
            MOV    BX, 11
            CALL   DISPL
            CRLF                          ; 回车换行
            MOV AH, 4CH
            INT    21H
    DISPL  PROC
    DS1:   MOV    AH, 02H
            MOV DL, [SI]
            INT    21H
            INC SI
            DEC BX
            JNZ DS1
            RET
    DISPL  ENDP
    CODE   ENDS
    END    START
```

（2）用 9 号功能实现的参考程序如下。

```
CRLF    MACRO
        MOV    DL, 0DH
        MOV    AH, 02H
        INT    21H
        MOV    DL, 0AH
        MOV    AH, 02H
        INT    21H
ENDM

DATA    SEGMENT
DATA1   DB   'hello,everyone!',0DH,0AH,'$'
DATA2   DB   'my name is xxx' ,0DH,0AH,'$'
DATA3   DB   'www.ycit.cn' ,0DH,0AH,'$'
DATA    ENDS

CODE    SEGMENT
ASSUME  CS: CODE, DS: DATA
START:  MOV    AX, DATA
        MOV    DS, AX
        LEA    DX, DATA1
        MOV AH, 09H
        INT 21H
        CRLF                        ;回车换行
LEA     DX, DATA2
        MOV AH, 09H
        INT 21H
        CRLF                        ;回车换行
        LEA    DX, DATA3
        MOV AH, 09H
        INT 21H
        CRLF                        ;回车换行
        MOV AH, 4CH
        INT    21H
CODE    ENDS
END     START
```

四、实验步骤

（1）输入文本文件并将其保存为 S2.ASM。

（2）在 D 盘新建一个文件夹，将其命名为 SY2，将 MASM.EXE、LINK.EXE、DEBUG.EXE 和 S2.ASM 都复制到 SY2 文件中。

（3）打开 DOSBox 软件。

（4）输入 MOUNT E D:\SY2，然后按下回车键。

（5）输入 E:，然后按下回车键。

（6）输入 MASM S2，按下回车键，最终显示"0 Warning Errors　0 Severe Errors"，表示程序没有错误。汇编的调试结果界面如图 7-8 所示。

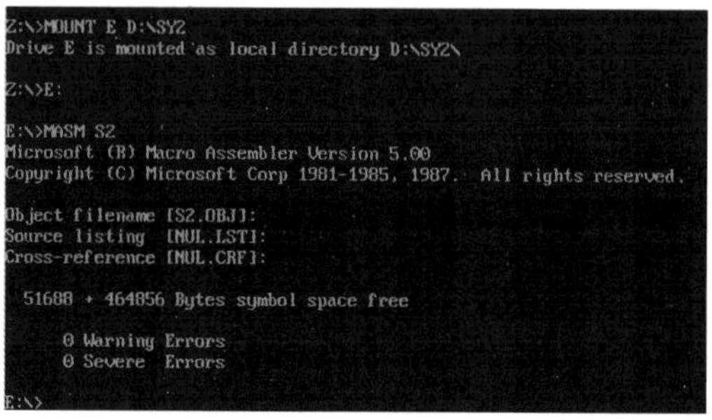

```
Z:\>MOUNT E D:\SY2
Drive E is mounted as local directory D:\SY2\

Z:\>E:

E:\>MASM S2
Microsoft (R) Macro Assembler Version 5.00
Copyright (C) Microsoft Corp 1981-1985, 1987.  All rights reserved.

Object filename [S2.OBJ]:
Source listing [NUL.LST]:
Cross-reference [NUL.CRF]:

  51688 + 464856 Bytes symbol space free

    0 Warning Errors
    0 Severe  Errors

E:\>
```

图 7-8　汇编的调试结果界面

（7）输入 LINK S2，按下回车键，链接的调试结果界面如图 7-9 所示。

（8）输入 DEBUG S2.EXE，按下回车键。

（9）输入 G，观察实验结果。

（10）输入 Q，按下回车键，退回到 DOSBox 界面。

（11）输入 EXIT，按下回车键，退出 DOSBox 窗口。DEBUG 调试结果如图 7-10 所示。

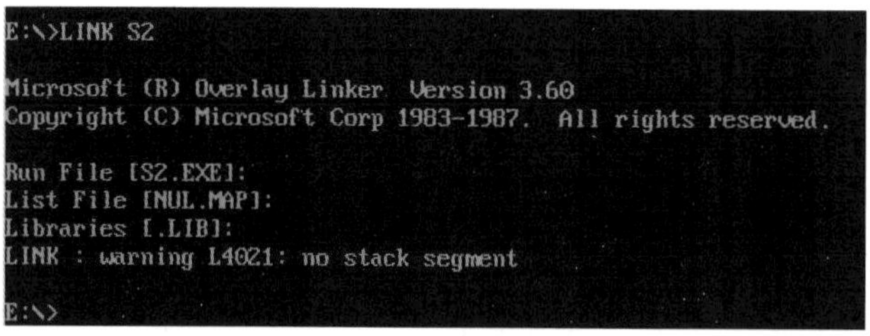

```
E:\>LINK S2

Microsoft (R) Overlay Linker  Version 3.60
Copyright (C) Microsoft Corp 1983-1987.  All rights reserved.

Run File [S2.EXE]:
List File [NUL.MAP]:
Libraries [.LIB]:
LINK : warning L4021: no stack segment

E:\>
```

图 7-9　链接的调试结果界面

```
E:\>DEBUG S2.EXE
-G
hello,everyone!
my name is xxx
www.ycit.cn

Program terminated normally
-Q

E:\>EXIT
```

图 7-10　DEBUG 调试结果

五、思考题

（1）程序中的回车换行操作是如何实现的？

（2）请写出程序退回到 DOSBox 的汇编指令。

实验三　两个多位十进制数相加

一、实验目的

（1）掌握模块化微机原理与接口技术实验台的使用方法。

（2）掌握 Intel 8088 汇编语言的基本编程方法。

二、实验内容

将两个多位十进制数相加，要求被加数、加数均以 ASCII 码形式各自按顺序存放在以 DATA1、DATA2 为首的 5 个内存单元中（低位在前，高位在后），最后的结果送回 DATA1。

三、参考程序

本实验的参考程序如下。

```
        CRLF  MACRO                              ;回车换行宏调用
                MOV    DL, 0DH
                MOV    AH, 02H
                INT    21H
                MOV    DL, 0AH
                MOV    AH, 02H
                INT    21H
        ENDM

        DATA    SEGMENT
        DATA1   DB 36H,35H,30H,38H,32H          ;被加数
        DATA2   DB 33H,39H,31H,37H,34H          ;加数
        DATA    ENDS

        CODE    SEGMENT
        ASSUME  CS: CODE, DS: DATA
        START:  MOV    AX, DATA
                MOV    DS, AX
                LEA    SI, DATA1
                MOV BX, 05H
                CALL        DISPL
                CRLF                             ;回车换行
                LEA SI, DATA2
                MOV BX, 05H
                CALL    DISPL
                CRLF                             ;回车换行
                LEA SI, DATA1
                LEA DI, DATA2
                CALL    ADDA
                LEA SI, DATA1
                MOV BX, 05H
                CALL    DISPL
```

```
                    CRLF                                      ；回车换行
                    MOV AH, 4CH
                    INT     21H


        DISPL   PROC
        DS1:    MOV AH, 02H
                    MOV DL, [SI+BX-1]
                    INT     21H
                    DEC BX
                    JNZ DS1
                    RET
        DISPL   ENDP
        ADDA    PROC
                    MOV  BX, 05H
        SUB1:   SUB  BYTE PTR [SI+BX-1], 30H
                    SUB  BYTE PTR [DI+BX-1], 30H
                DEC    BX
                JNZ    SUB1
                LEA    SI, DATA1
                LEA    DI, DATA2
                MOV  CX, 05H
                    CLC
        AD1:    MOV AL, [SI]
                    ADC AL, [DI]
                    AAA
                    MOV  [SI], AL
                    INC    SI
                     INC      DI
                    LOOP  AD1
                    LEA    SI, DATA1
                    LEA    DI, DATA2
                    MOV  BX, 05H
        AD2:    ADD  BYTE PTR [SI+BX-1], 30H
                    ADD  BYTE PTR [DI+BX-1], 30H
                    DEC BX
                    JNZ AD2
                    RET
        ADDA    ENDP

        CODE    ENDS
        END     START
```

四、程序框图

本实验的程序流程图如图 7-11 所示，首先用 DOS 的 2 号功能显示被加数和加数；其次将被加数、加数分别以 ASCII 码表示的数字串形式减 30H，转化为由十六进制表示的数字串形式，计数值 5 送入计数寄存器 CX，在进行带进位的加法运算前，将最低位 CF 清零，循环执行 ADC 加法指令，执行 BCD 码调整指令 AAA，将结果送到被加数区，直至计数值 CX–1 = 0，将由十六进制表示的结果加 30H，转化为 ASCII 码表示的数字串；最后用 DOS 的 2 号功能显示运算结果。

五、思考题

修改本实验程序，要求实现在第 1 行被加数前面加上空格符，在第 2 行加数前面加上 "+"，第 3 行显示 "------"，第 4 行显示运算结果。参考结果如图 7-12 所示。

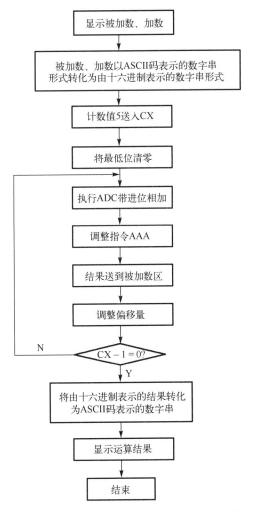

图 7-11　两个多位十进制数相加的程序流程图

图 7-12　参考结果

37

第 8 章
微机硬件实验

实验一 存储器读写实验

一、实验目的

（1）熟悉静态 RAM 的使用方法，掌握 8088 微机系统扩展 RAM 的方法。

（2）熟悉静态 RAM 读写数据的编程方法。

二、实验要求

对指定地址区间的 RAM（2000H～23FFH）先进行写数据 55AAH，然后将其内容读出再写到 3000H～33FFH 中。

三、实验原理

随机存取存储器（RAM）主要用来存放当前运行的程序、各种输入/输出数据、中间运算结果及堆栈等，存储的内容可读可写，掉电后内容会全部丢失，RAM 有 SRAM 和 DRAM 两种，本书仅介绍 SRAM。常用的 SRAM 数据存储器芯片型号有 SRAM 6116、SRAM 6264、SRAM 62128、SRAM 62256，型号后的数字表示其存储容量，6116、6264、62128、62256 的存储容量分别为 2K×8 位、8K×8 位、16K×8 位、32K×8 位。

SRAM 6116 为 24 脚双列直插封装，SRAM 6264、SRAM 62128、SRAM 62256 均为 28 脚双列直插封装，以上 4 种型号的 SRAM 都由+5V 电源供电。常用 SRAM 的引脚图如图 8-1 所示。

实验中用到的存储器芯片是 SRAM 62256 芯片，容量是 32KB，SRAM 62256 芯片的真值表如表 8-1 所示。

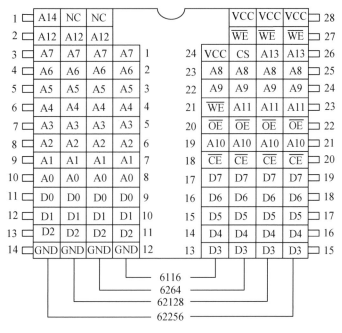

图 8-1 常用 SRAM 的引脚图

表 8-1 SRAM 62256 芯片的真值表

$\overline{WE}$	$\overline{CE}$	$\overline{OE}$	D0～D7
0	0	0	数据写
1	0	0	数据读
x	1	x	三态（高阻）

四、实验步骤

1．电路连接

硬件电路系统内部已连接好，8088 CPU 系统核心板以一片 62256 静态 RAM 构成系统的 32K 基本内存，其地址范围为 00000H～07FFFH。其中，00000H～004FFH 为系统数据区，00500H～00FFFH 为用户数据区，01000H～07FFFH 为用户程序区。具体内容参考本书 3.1 节。

2．实验示例程序

本实验参考程序如下。

```
CODE SEGMENT
```

```
        ASSUME CS:CODE
START:          MOV AX,0H
                MOV DS,AX
                MOV BX,2000H
                MOV AX,55AAH
                MOV CX,03FFH
RAMW1:          MOV DS:[BX],AX
                ADD BX,0002H
                LOOP RAMW1
                MOV AX,2000H
                MOV SI,AX
                MOV AX,3000H
                MOV DI,AX
                MOV CX,03FFH
                CLD
                REP MOVSB
RAMW2:  JMP RAMW2
CODE ENDS
END  START
```

3. 软硬件联调过程

软硬件联调的操作步骤如下。

（1）输入实验程序，用软件实验的方法生成*.exe 文件。

（2）打开 dv88.exe 软件，然后单击界面上的"联接"按钮，界面上应出现联机成功后的反汇编窗口，如图 8-2 所示。若联机失败，则显示如图 8-3 所示的界面，此时需要按一下 8088 CPU 模块上的 RESET 复位按钮，再按上述方法重新尝试联机，直至联机成功。

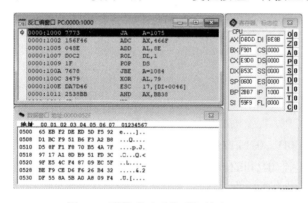

图 8-2　联机成功后的反汇编窗口　　　　　　　　图 8-3　联机失败界面

（3）联机成功后，单击动态调试中的传送（.exe）文件。

（4）然后按下 RESET 按钮退出，用存储器读写方法检查 2000H～23FFH 中的内容和 30000～33FFH 中的内容是否都是 55AAH。

五、思考题

随机存取存储器主要分为哪两类？它们的主要区别是什么？SRAM 62256 芯片的地址线和数据线的根数分别为多少？

实验二　8255 可编程并行口实验

一、实验目的

（1）掌握并行接口芯片 8255 和微机接口的连接方法。
（2）掌握并行接口芯片 8255 的工作方式及其编程方法。

二、实验要求

PC 口 8 位接 8 个开关 K1～K8，PB 口 8 位接 8 个发光二极管，从 PC 口读入 8 位开关量送 PB 口显示。拨动 K1～K8，PB 口上接的 8 个发光二极管 L0～L7 对应显示 K1～K8 的状态，即发光二极管亮，对应的开关闭合，反之则断开。

三、实验原理

下面简单介绍 8255 的端口地址、工作方式和方式控制字，具体的内容参考相关理论教材。8255 的端口地址选择如表 8-2 所示，其工作方式有 3 种，分别为方式 0、方式 1、方式 2。本实验用的是无条件传送方式 0。8255 的方式控制字如图 8-4 所示。

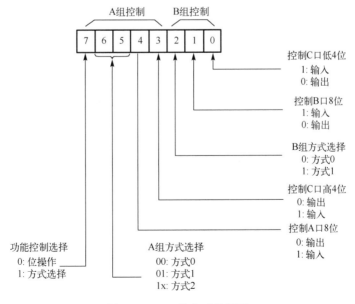

图 8-4　8255 的方式控制字

表 8-2　8255 的端口地址选择

A1	A0	CS	操　作
0	0	0	PA 口读写操作
0	1	0	PB 口读写操作
1	0	0	PC 口读写操作
1	1	0	控制寄存器的写操作

四、实验步骤

1. 电路连接

8255 和 8253 在一块实验板上，其实物如图 8-5 所示。8255 的电路原理图如图 8-6 所示，8255 的 PC0～PC7 插孔依次接 K1～K8，8255 的 PB0～PB7 插孔依次接 L0～L7。8255 的片选插孔 8255CS 接 8088 的译码输出 Y7 插孔。详细的实验连线如表 8-3 所示。

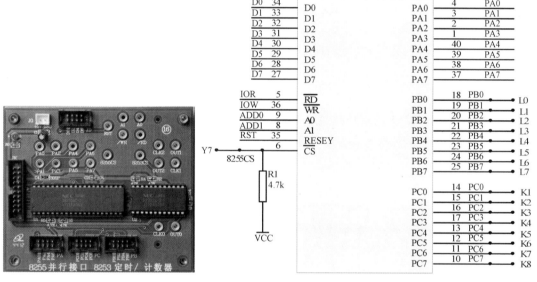

图 8-5　8255 和 8253 实物图　　　　　图 8-6　8255 的电路原理图

表 8-3　实验连线

序号	8255	通用系统板	8088 CPU 板
1	JK	—	JKZ0
2	RST	RS	—
3	8255CS	—	Y7
4	PB	JL	—
5	PC	JK	—

2. 程序流程图

本实验的程序流程图如图 8-7 所示，首先初始化 8255，设置 PB 口、PC 口的工作方式及输入/输出口控制字，当将 PB 口置为 0 时，发光二极管不亮。接着不停地读取 PC 口的开关信息给 PB 口。

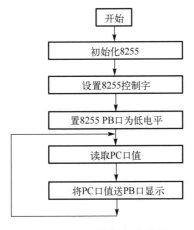

图 8-7 8255 的程序流程图

3．实验示例程序

本实验的参考程序如下。

```
CODE SEGMENT
ASSUME CS:CODE
IOAPT   EQU 0070H
IOBPT   EQU 0071H
IOCPT   EQU 0072H
CNTRL EQU 0073H
START: MOV AL,89H               ;1000 1001
        MOV DX, CNTRL
        OUT DX,AL
        NOP
        NOP
        NOP
IOLED1:MOV DX,IOCPT
        IN AL,DX                ;读取 PC 口的开关值
        MOV DX,IOBPT
        OUT DX,AL               ;将读取的 PC 口开关值送入 PB 口
        JMP IOLED1
CODE ENDS
END  START
```

注意：如果用 Proteus 软件进行仿真，那么由于 CPU 选的是 8086 芯片，因此示例程序中的 PA 口、PB 口、PC 口和控制口的地址要换成 70H、72H、74H 和 76H。

4．软硬件联调过程

按照实验一存储器读写的方法来进行软硬件联调，并得出实验结果。

5．仿真电路图

为了方便预习，用 Proteus 软件绘制与实验台对应的硬件图，将生成*.exe 文件下载到 Proteus 仿真电路图中的 CPU 芯片中，观察实验现象，硬件仿真电路如图 8-8 所示，通过仿真电路可以看到发光二极管的点亮和熄灭受开关控制。

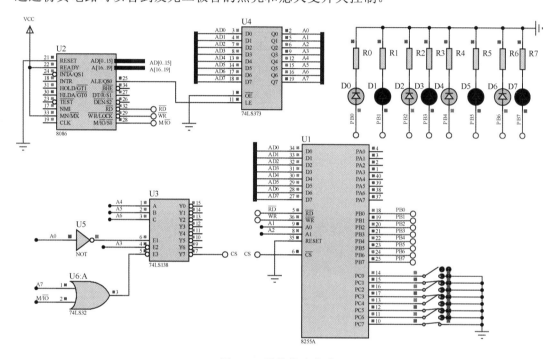

图 8-8　硬件仿真电路

注意，因为微机原理理论课时较少，所以没有要求学生学习 Proteus 软件。但是"单片机原理"课程要求学生学习 Proteus 软件，因此本书介绍 Proteus 软件的详细使用方法，具体内容见 9.2 节。

本实验选取的元器件如下。

（1）微机芯片：8086（因为 Proteus 库中没有 8088，所以选择 8086）。

（2）电阻：RES。

（3）非门：NOT。

（4）两个输入或门：74LS32。

（5）锁存器：74LS373。

（6）发光二极管：LED-YELLOW。

（7）开关：SWITCH。

（8）并行 I/O 芯片：8255A。

（9）译码芯片：74LS138。

五、思考题

（1）根据图 8-8，如何得出 8255A 的 PA 口、PB 口、PC 口和控制口的地址？

（2）如果将 PA 口接开关，PC 口接发光二极管，那么应该如何修改本实验的程序？

实验三　使用 8259A 的单级中断控制实验

一、实验目的

（1）掌握中断控制器 8259A 与微机接口的原理和方法。

（2）掌握中断控制器 8259A 的应用编程。

二、实验要求

当上电时，先在数码管上显示"8259---1"，按下 AN1 按钮，在 SP1 上产生一个正脉冲，即每按一次 AM 按钮，就会产生一次中断，显示器最右边一位显示的是中断次数，当中断次数满 5 次时，显示器显示"8259good"。

三、实验原理

8259A 是控制优先级中断的芯片，它将 8 个中断源按优先级的高低进行排列，并辨认中断源，同时提供中断向量的电路。8 个中断源首先按优先级的高低进行排列，接着识别优先级最高的中断源，最后根据中断向量码编写中断服务子程序。8259A 的内部结构如图 8-9 所示。8259A 由中断请求寄存器(IRR)、优先级分析器、中断服务寄存器(ISR)、中断屏蔽寄存器（IMR）、数据总线缓冲器、读写控制电路和级联缓冲器/比较器组成。

中断请求寄存器：寄存所有要求服务的请求 IR0～IR7。

优先级分析器：监测从 IRR、ISR 和 IMR 输入的信号，并确定是否向 CPU 发出中断请求。在中断响应时，优先级分析器要确定 ISR 寄存器哪一位应该置 1，并将相应的中断类型码送给 CPU。在中断结束时，优先级分析器要决定 ISR 寄存器哪一位应该复位。

中断服务寄存器：寄存正在被服务的中断请求。

中断屏蔽寄存器：存放被屏蔽的中断请求，该寄存器的每位均表示一个中断号。若某一位为 1，则表示相应引脚上有中断请求信号，并且该中断请求信号至少应保持到该请求被响应为止。8259A 的每位分别与 IR7～IR0 相对应，若它的某一位为 1，则表示屏蔽该号中断；否则开放该号中断。

数据总线缓冲器：是双向三态的，用以连接系统总线和 8259A 内部总线，通过该缓冲器可以由 CPU 对 8259A 写入状态字和控制字。

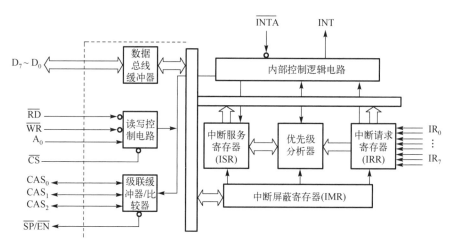

图 8-9　8259A 的内部结构

读写控制电路：用来接收 I/O 命令，对初始化命令和操作命令字寄存器进行写入，以确定 8259A 的工作方式和控制方式。

级联缓冲器/比较器：用于多片 8259A 的连接，能构成多达 64 级的矢量中断系统。

四、实验步骤

1. 电路连接

8259A 实验板的实物图如图 8-10 所示，矩阵键盘数码管的实物图如图 8-11 所示，8259A 的电路原理图如图 8-12 所示。假设有一片 8259A 中断控制芯片，工作于单片方式，8 个中断请求输入端 IR0～IR7 对应的中断型号为 08～0FH，中断矢量表的地址如表 8-4 所示。详细的实验连线如表 8-5 所示。

图 8-10　8259A 实验板的实物图

图 8-11　矩阵键盘数码管的实物图

表 8-4 中断矢量表的地址

8259 中断源	中断类型号	中断矢量表地址
IR0	08H	20H～23H
IR1	09H	24H～27H
IR2	0AH	28H～2BH
IR3	0BH	2CH～2FH
IR4	0CH	30H～33H
IR5	0DH	34H～37H
IR6	0EH	38H～3BH
IR7	0FH	3CH～3FH

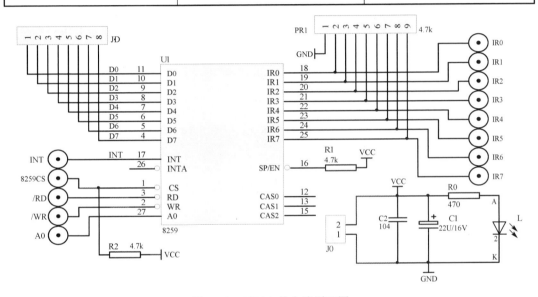

图 8-12 8259A 的电路原理图

表 8-5 实验接线

序号	8259	系统板	8088 CPU 板	8255	键盘、数码管
1	JK		JKZ0		
2	IR3	SP1			
3	8259CS		Y6		
4			JD	JD	
5			IOR	/RD	
6			IOW	/WR	
7	A0			A0	
8				PB	DU
9				PA	BIT
10		RS		RST	
11			Y7	8255CS	

续表

序号	8259	系统板	8088 CPU 板	8255	键盘、数码管
12	J0	J3			
13		J7		J0	
14		J8			J0

根据如图 8-12 所示的 8259 电路原理图，8259A 和 8088 系统总线直接相连，8259A 上连有一个系统地址线 A0，故 8259A 有两个端口地址，本系统中为 60H、61H。60H 用来写 ICW1，61H 用来写 ICW2、ICW3、ICW4，初始化命令字写好后，再写操作命令字。OCW2、OCW3 用口地址为 60H，OCW1 用口地址为 61H。在图 8-12 中，使用 3 号中断源，IRQ3 插孔和 SP 插孔相连，中断方式为边沿触发方式，每按一次 AN 按钮，产生一次中断信号，向 8259A 发出中断请求信号。若中断源电平信号不符合规定要求，则自动转到 7 号中断，显示"Err"。CPU 响应中断后，在中断服务中，对中断次数进行计数并显示，计满 5 次结束，显示器显示"8259Agood"。

2．程序流程图

8259A 的单级中断控制实验流程图如图 8-13 和图 8-14 所示，其中图 8-13 为主程序流程图，图 8-14 为中断服务程序流程图。

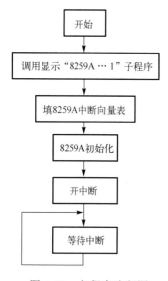

图 8-13 主程序流程图

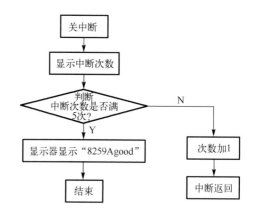

图 8-14 中断服务程序流程图

4．实验示例程序

本实验的参考程序如下。

```
CODE SEGMENT
    ASSUME CS:CODE
    INTPORT1 EQU 0060H
    INTPORT2 EQU 0061H
```

```
    INTQ3    EQU INTREEUP3
    INTQ7    EQU INTREEUP7
    PAPORT   EQU  0070H        ;8255A 的 PA 口、PB 口、PC 口和控制口的端口地址
    PBPORT   EQU  0071H
    PCPORT   EQU  0072H
    CON8255  EQU  0073H
    DATA0    EQU 0580H
    DATA1    EQU 0500H
    DATA2    EQU 0508H
    DATA3    EQU 0518H
    DATA4    EQU 0520H
    ORG 1000H
START: JMP Tint1
Tint1: CLI
    MOV    AX,0H
    MOV    DS,AX
    ;8255A 芯片初始化，设置 PA 口、PB 口均为方式 0 输出口
    MOV DX, CON8255
    MOV AL, 10000000B
    OUT  DX, AL
    CALL FORMAT
    CLI
    MOV DI,DATA0
    MOV CX,08H
    XOR AX,AX
    REP STOSW
    MOV SI,DATA3
    CALL LEDDISP                    ;DISP 8259-1
    MOV AX,0H
    MOV DS,AX
    CALL WRINTVER                   ;WRITE INTRRUPT
    MOV AL,13H
    MOV DX,INTPORT1
    OUT DX,AL                       ;写 ICW1
    MOV AL,08H
    MOV DX,INTPORT2
    OUT DX,AL                       ;写 ICW2
    MOV AL,09H
    OUT DX,AL                       ;写 ICW4
    MOV AL,0F7H
    OUT DX,AL                       ;允许 IR3 中断
    MOV BYTE PTR DS:[0601H],01H     ;TIME=1
    STI
WATING: JMP WATING
WRINTVER:MOV AX,0H
    MOV ES,AX
```

```
        MOV DI,002CH
        LEA AX,INTQ3
        STOSW
        MOV AX,CS
        STOSW
        MOV DI,003CH
        LEA AX,INTQ7
        STOSW
        MOV AX,CS
        STOSW
        RET
INTREEUP3:CLI
        MOV AL,DS:[0601H]
        CALL CONVERS
        MOV SI,DATA0
        CALL LEDDISPD
        MOV AL,20H
        MOV DX,INTPORT1
        OUT DX,AL
        ADD BYTE PTR DS:[0601H],01H
        CMP BYTE PTR DS:[0601H],06H
        JNA INTRE1
        MOV SI,DATA4
        CALL LEDDISP
INTRE3:  JMP INTRE3
CONVERS:MOV BH,0H
        AND AL,0FH
        MOV BL,AL
        MOV AL,CS:[BX+DATA2]
        MOV BX,DATA0
        MOV DS:[BX],AL
        RET
INTRE1:  MOV AL,20H
        MOV DX,INTPORT1
        OUT DX,AL
        STI
        IRET
INTREEUP7: CLI
        MOV SI,DATA1
        CALL LEDDISP
        MOV AL,20H
        MOV DX,INTPORT1
        OUT DX,AL
        IRET
LEDDISP:MOV AL,7FH
        MOV BX,08H
```

```
LED1:   MOV DX,PAPORT
        OUT DX,AL                      ;送位选给 8255A 的 PA 口
        ROR  AL,1
        PUSH AX
        MOV AL,BYTE PTR[SI]
        MOV DX, PBPORT
        OUT  DX, AL                    ;送段码给 8255A 的 PB 口
        INC SI
        MOV CX, 01FFH
DELAY: LOOP DELAY
        MOV AL,0
        OUT DX,AL                      ;共阴极数码管消隐
        POP AX
        DEC  BX
        JNZ  LED1
        RET
LEDDISPD:MOV AL,7FH
        MOV BX,08H
LEDD1:  MOV DX,PAPORT
        OUT DX,AL                      ;送位选给 8255A 的 PA 口
        ROR  AL,1
        PUSH AX
        MOV AL,CS:BYTE PTR[SI]
        MOV DX, PBPORT
        OUT  DX, AL                    ;送段码给 8255A 的 PB 口
        INC SI
        MOV CX, 01FFH
DELAY1: LOOP DELAY1
        MOV AL,0
        OUT DX,AL                      ;共阴极数码管消隐
        POP AX
        DEC  BX
        JNZ  LED1
        RET
FORMAT: MOV BX,0
        MOV WORD PTR DS:[BX+0500H],5050H
        ADD BX,2
        MOV WORD PTR DS:[BX+0500H],0079H
        ADD BX,2
        MOV WORD PTR DS:[BX+0500H],0000H
        ADD BX,2
        MOV WORD PTR DS:[BX+0500H],0000H
        ADD BX,2
        MOV WORD PTR DS:[BX+0500H],063FH
        ADD BX,2
        MOV WORD PTR DS:[BX+0500H],4F5BH
```

```
        ADD BX,2
        MOV WORD PTR DS:[BX+0500H],6D66H
        ADD BX,2
        MOV WORD PTR DS:[BX+0500H],077DH
        ADD BX,2
        MOV WORD PTR DS:[BX+0500H],6F7FH
        ADD BX,2
        MOV WORD PTR DS:[BX+0500H],7C77H
        ADD BX,2
        MOV WORD PTR DS:[BX+0500H],5E39H
        ADD BX,2
        MOV WORD PTR DS:[BX+0500H],7179H
        ADD BX,2
        MOV WORD PTR DS:[BX+0500H],4006H
        ADD BX,2
        MOV WORD PTR DS:[BX+0500H],4040H
        ADD BX,2
        MOV WORD PTR DS:[BX+0500H],6D6FH
        ADD BX,2
        MOV WORD PTR DS:[BX+0500H],7F5BH
        ADD BX,2
        MOV WORD PTR DS:[BX+0500H],3F5EH
        ADD BX,2
        MOV WORD PTR DS:[BX+0500H],5C3FH
        ADD BX,2
        MOV WORD PTR DS:[BX+0500H],6D6FH
        ADD BX,2
        MOV WORD PTR DS:[BX+0500H],7F5BH
        RET
    CODE ENDS
    END  START
```

　　注意：如果用 Proteus 仿真，那么由于 CPU 选的是 8086，因此示例程序中的 PA 口、PB 口、PC 口和控制口的端口地址要分别换成 70H、72H、74H 和 76H，8259 的端口地址换成 60H 和 62H。

4．软硬件联调过程

　　按照实验一存储器读写的方法来进行软硬件联调，得出实验结果。

5．仿真电路图

　　为了方便学生预习，用 Proteus 绘制与实验台对应的硬件图，将生成的*.exe 下载到 Proteus 仿真电路图中的 CPU 芯片中，并观察实验现象。实验仿真电路图如图 8-15 所示，通过仿真电路图可以看出，8259 上电初始化，显示"8259---1"，按下 IR3 中断请求，显示"8259---x"，当中断次数达 5 次时，显示"8259good"。

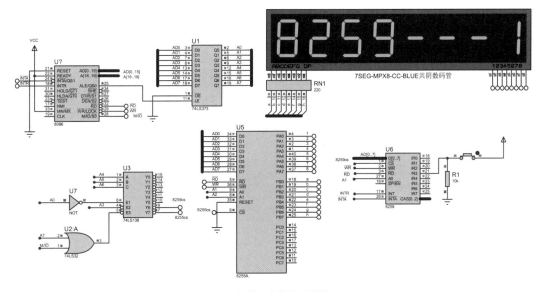

(a) 初始上电的显示结果

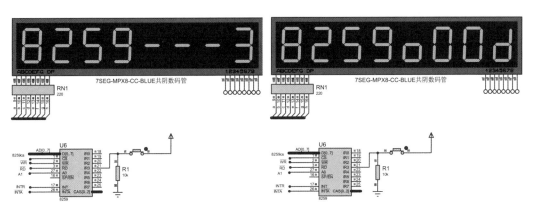

(b) 按 IR3 中断请求次数显示结果　　　　　　(c) 5 次中断后的显示结果

图 8-15　实验仿真电路图

本实验选取的元器件如下。

（1）微机芯片：8086。

（2）排阻：RX8。

（3）非门：NOT。

（4）两输入或门：74LS32。

（5）锁存器：74LS373。

（6）8 位共阴极数码管：7EG-MPX8-CC-BLUE。

（7）I/O 接口芯片：8255A。

（8）译码芯片：74LS138。

（9）按钮：BUTTON。

（10）中断芯片：8259。

（11）电阻：RES。

五、思考题

要求，将图 8-15 中的 Y6 与 8255CS 相连，Y5 与 8259CS 相连，IR6 与系统板的 AN1 相连，那么如何修改本实验的程序？

实验四　8253 定时/计数器实验

一、实验目的

（1）学会 8253 与微机接口的原理和方法。

（2）掌握 8253 定时器/计数器的工作方式和编程原理。

二、实验要求

利用 8253 的计数通道使计数器 2 的输出端出现 1Hz 的方波信号，然后将方波信号接到实验台的发光二极管上，观察发光二极管的发光情况。

三、实验原理

下面简单介绍 8253 的端口地址、工作方式和方式控制字，具体的内容参考相关理论教材。8253 的端口地址选择如表 8-6 所示。8253 的工作方式有 6 种，即方式 0、方式 1、方式 2、方式 3、方式 4、方式 5，本实验用的是方式 3 方波发生器。8253 的控制字如图 8-16 所示。

表 8-6　8253 的端口地址选择

A1	A0	CS	操作
0	0	0	计数器 0 的读写操作
0	1	0	计数器 1 的读写操作
1	0	0	计数器 2 的读写操作
1	1	0	控制寄存器的写操作

三、实验步骤

1．电路连接

8255 和 8253 在同一块实验板上，实物图参考实验二中的图 8-5。8253 定时/计数器的电路原理图如图 8-17 所示。8253 的 CLK1 插孔接实验台的 1MHz 脉冲方波信号（见第 2 章的图 2.7），8253 的 OUT1 接 CLK2。8253 的片选插孔 8253CS 接译码输出 Y7 插孔。详细的实验连线如表 8-7 所示。

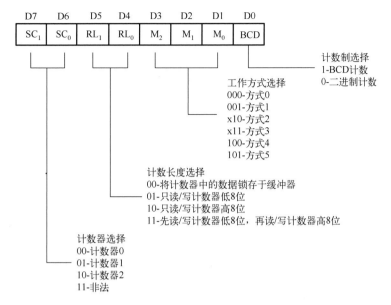

图 8-16 8253 的控制字

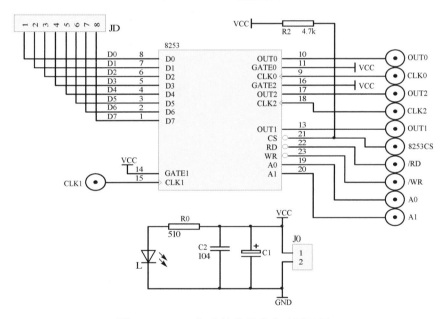

图 8-17 8253 定时/计数器的电路原理图

表 8-7 实验接线表

序号	8253	通用系统板	8088CPU 板
1	JK		JKZ0
2	RST	RS	
3	8253CS		Y7
4	CLK1	T1（1MHz）	

序号	8253	通用系统板	8088CPU 板
5	OUT1 与 CLK2 相连		
6	OUT2	L1	

2．程序流程图

本实验的程序流程图如图 8-18 所示，首先初始化 8253，其次分别设置计数器 1 的控制字和计数初值、计数器 2 的控制字和计数初值。

3．实验示例程序

本实验的参考程序如下。

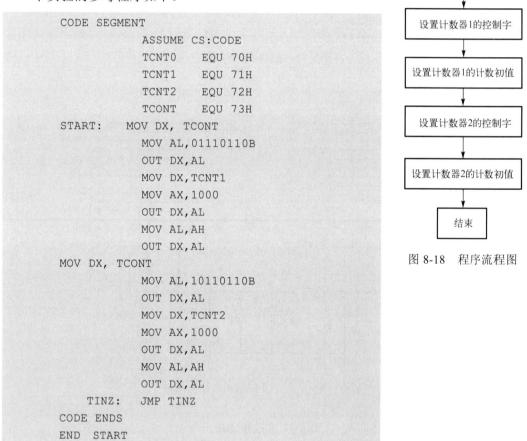

```
CODE SEGMENT
        ASSUME CS:CODE
        TCNT0    EQU 70H
        TCNT1    EQU 71H
        TCNT2    EQU 72H
        TCONT    EQU 73H
START:  MOV DX, TCONT
        MOV AL,01110110B
        OUT DX,AL
        MOV DX,TCNT1
        MOV AX,1000
        OUT DX,AL
        MOV AL,AH
        OUT DX,AL
MOV DX, TCONT
        MOV AL,10110110B
        OUT DX,AL
        MOV DX,TCNT2
        MOV AX,1000
        OUT DX,AL
        MOV AL,AH
        OUT DX,AL
    TINZ: JMP TINZ
CODE ENDS
END  START
```

图 8-18　程序流程图

注意：如果使用 Proteus 仿真，那么由于 CPU 选的是 8086 芯片，因此示例程序中的计数器 0、计数器 1、计数器 2 和控制口的端口地址分别要换成 70H、72H、74H 和 76H。

4．软硬件联调过程

按照实验一中的存储器读写的方法来进行软硬件联调，得出实验结果。

5．仿真电路图

为了方便学生预习，用 Proteus 绘制与实验台对应的硬件图，其中 CLK1 的频率为 1MHz 信号源的设置参考本书第 10 章中的图 10-15～图 10-17。将生成的*.exe 下载到 Proteus 仿真电路图中的 CPU 中，并观察实验现象。实验仿真电路图如图 8-19 所示，通过该图可以看出发光二极管按照设定的时间进行点亮和熄灭。

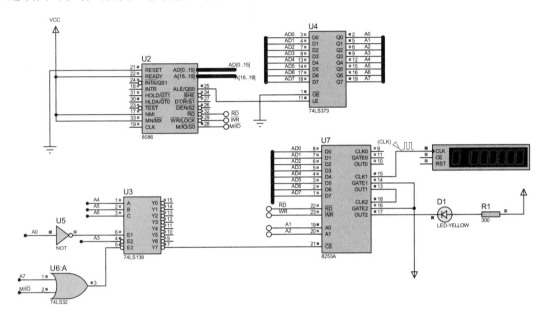

图 8-19　实验仿真电路图

本实验选取的元器件如下。

（1）微机芯片：8086。

（2）电阻：RES。

（3）非门：NOT。

（4）两输入或门：74LS32。

（5）锁存器：74LS373。

（6）发光二极管：LED-YELLOW。

（7）定时/计数器芯片：8253A。

（8）译码芯片：74LS138。

五、思考题

（1）根据图 8-19，如果将 74LS138 译码器的 $\overline{Y6}$ 与 8253A 的 $\overline{CS}$ 相连，那么程序中的计数器 0、计数器 1、计数器 2 和控制口的端口地址要换成多少？

（2）要求使用计数器 0 和计数器 1，实现 OUT1 输出端所接的发光二极管的点亮和熄灭的时间均为 1s，请按要求修改本实验程序。

实验五　8251A 串行接口实验

一、实验目的

（1）掌握用 8251A 实现微机间的同步通信和异步通信。

（2）掌握 8251A 与微机的接口技术和编程方法。

二、实验要求

使用示波器探头测量 8251A 发送引脚 TXD 上的波形，以判断起始位、数据位及停止位的位置。发送字符的总长度为 10 位，1 个起始位（0），8 个数据位（D0 在前），1 个停止位（1），发送数据为 55H，反复发送，以便用示波器观察发送端 TXD 的波形，用查询 8251A 状态字的第 0 位（TXRDY）来判断 1 个数据是否发送完毕，当 TXRDY=1 时，发送数据缓冲器为空。

三、实验原理

8251A 是一种可编程的同步/异步串行通信接口芯片，具有独立的接收器和发送器，能实现单工、半双工、全双工通信。8251A 的读写操作控制如表 8-8 所示。

表 8-8　8251A 的读写操作控制

$\overline{CS}$	C/$\overline{D}$	$\overline{RD}$	$\overline{WR}$	操作
1	任意	任意	任意	D0～D7 呈高阻状态
0	1	1	0	写控制字
0	0	1	0	写数据
0	1	0	1	读状态
0	0	0	1	读数据

方式控制字用于确定 8251A 的通信方式（同步/异步）、校验方式（奇校/偶校/不校）、字符长度及波特率等，其格式如图 8-20 所示。命令控制字使 8251A 处于规定的状态，以准备收发数据，其格式如图 8-21 所示。因为方式控制字和命令控制字无独立的端口地址，所以 8251A 根据写入的顺序来区分方式控制字和命令控制字。CPU 对初始化时的 8251A 先写方式控制字，后写命令控制字。

D7	D6	D5	D4	D3	D2	D1	D0
S2	S1	EP	PEN	L2	L1	B2	B1

图 8-20　8251A 方式控制字的格式

8251A 方式控制字的各位定义如下。

D7	D6	D5	D4	D3	D2	D1	D0
EH	IR	RTS	ER	SBRK	RXE	DTR	TXEN

图 8-21　8251A 命令控制字的格式

S2S1：由 B2B1 确定是同步方式还是异步方式。异步方式：00 = 不确定；01 = 1 个停止位；10 = 3/2 个停止位；11 = 2 个停止位。同步方式：X0 = 内同步；X1 = 外同步。

EPPEN：确定是否进行奇偶校验。X0 = 无校验；01 = 奇校验；11 = 偶校验。

L2L1：确定字符长度。00 = 5 位；01 = 6 位；10 = 7 位；11 = 8 位。

B2B1：确定波特率系数。00 = 同步方式；01 = 异步×1；10 = 异步×16；11 = 异步×64。

8251A 命令控制字的各位定义如下。

EH：外部搜索方式。EH = 1 启动搜索同步字符。

IR：内部复位。IR = 1 使 8251A 回到准备接收方式字的状态。

RTS：请求发送。RST = 1 向调制解调器提出发送请求。

ER：错误标志复位。ER = 1 使全部错误标志复位。

SBRK：送中止字符。SBRK = 1 迫使 TXD 为低电位；SBRK = 0 正常工作。

RXE：接收允许。RXE = 1 允许接收；RXE = 0 屏蔽接收。

DTR：DTR = 1 数据终端准备好。

TXEN：发送允许。TXEN = 1 允许发送；TXEN = 0 屏蔽发送。

四、实验步骤

1. 电路连接

8251A 和 16C550 在同一块实验板上，其实物图如图 8-22 所示，电路原理如图 8-23 所示，8251A 的片选插孔 8251CS 接译码输出 Y6 插孔。详细的实验连线如表 8-9 所示。

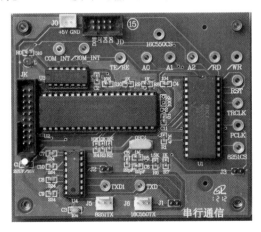

图 8-22　实验板的实物图

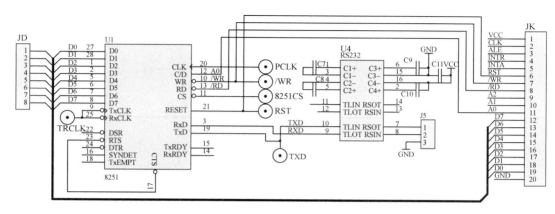

图 8-23　实验电路原理图

表 8-9　实验连线表

序号	8251A	系统板	8088 CPU 板
1	JK		JKZ0
2	8251CS		Y6
3	TRCLK	T2（500kHZ）	
4	PCLK		PCLK

2．程序流程图

本实验的程序流程图如图 8-24 所示，首先初始化 8251A，其次写 8251A 方式控制字、命令控制字，以及读状态字，然后判断输出缓冲器是否为空，若为空，则发送数据；否则继续读状态字。

3．实验示例程序

本实验的相关程序如下。

```
CODE SEGMENT
ASSUME CS:CODE
SECOPORT EQU 0061H
SEDAPORT EQU 0060H
DATA    EQU 0500H
START:  MOV DX,SECOPORT
    IN AL,DX
    TEST AL,01H
    JZ START
    MOV AL,55H
    MOV DX,SEDAPORT
    OUT DX,AL
    JMP START
CODE ENDS
END  START
```

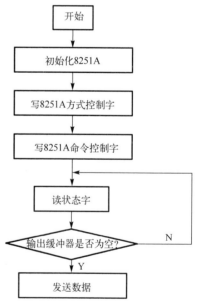

图 8-24　本实验的程序流程图

本实验采用 8251A 异步方式发送数据，波特率为 9600bit/s。8251A 的初始化程序已在监控中完成。

4．软硬件联调过程

按照实验一存储器读写的方法来进行软硬件联调，得出实验结果。

五、思考题

已知 8251A 的初始化程序已在监控中完成，如果要求用户自己编写初始化程序，那么请写出 8251A 的方式控制字和命令控制字。

实验六　A/D 转换器接口实验

一、实验目的

（1）加深理解 A/D 转换器的特征和工作原理。
（2）掌握 A/D 转换器的接口方法及 A/D 输入程序的设计和调试方法。

二、实验要求

数码管初始显示内容为"0809--00"，然后根据 A/D 转换器的采样值不断更新显示其对应的数字量。其中，模拟量 0V = 数字量 00H，模拟量 2.5V = 数字量 80H，模拟量 5V = 数字量 0FFH。

三、实验原理

本实验采用 ADC0809 来完成 A/D 转换过程，ADC0809 具有 8 路模拟输入、8 位数字输出，以及 A/D 转换功能，转换时间约为 100μs，适用于多路数据采集系统。ADC0809 内有三态门输出的数据锁存器，故可以与 8088 微机总线直接相连。根据 ADC0809 的时序图，得出 A/D 转换器的转换结果，并在数码管上显示转换的值。操作时序图如图 8-25 所示。

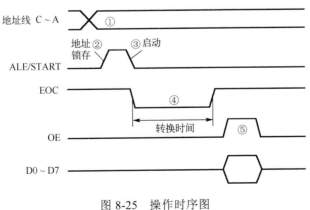

图 8-25　操作时序图

根据时序图可知，ADC0809 的工作过程如下。

（1）把通道地址送到 C～A 上，选择一个模拟输入端。

（2）在通道地址信号有效期间，ALE 上的上升沿使该地址锁存到内部地址锁存器。

（3）START 引脚上的下降沿启动 A/D 转换器。

（4）转换开始后，EOC 引脚呈现低电平，当 EOC 重新变为高电平时，表示转换结束。

（5）转换结束后，输出一个 1 到 OE 端，用来打开输出锁存器的三态门，读取 ADC0809 的转换结果，最后使 OE=0。

四、实验步骤

1．电路连接

A/D 转换器和 D/A 转换器在同一块实验板上，实物图如图 8-26 所示，实验电路原理图如图 8-27 所示，ADC0809 的 IN0 插孔连系统板的模拟量输出 Vout 插孔，CS_0809 连 8088 CPU 核心板的译码输出 Y6 插孔，CLK 连系统板的脉冲输出 T1（1MHZ），/RD 连 8088 CPU 板的 IOR，/WR 连 8088 CPU 板的 IOW，JD 连 8088 CPU 板的 JD，J0 连系统板的 J3，详细的实验连线如表 8-10 所示。

图 8-26　实物图

表 8-10　实验连线表

序号	ADC0809	系统板	8088 CPU 板	键盘数码管	8255
1	IN0	Vout			
2	CS_0809		Y6		
3	CLK	T1（1MHz）			
4	/RD		IOR		
5	/WR		IOW		

续表

序号	ADC0809	系统板	8088 CPU 板	键盘数码管	8255
6	JD		JD		
7	J0	J3			
8			JKZ0		JK
9			Y7		8255CS
10				DU	PB
11				BIT	PA
12		RS			RST
13		J7		J0	
14		J8			J0

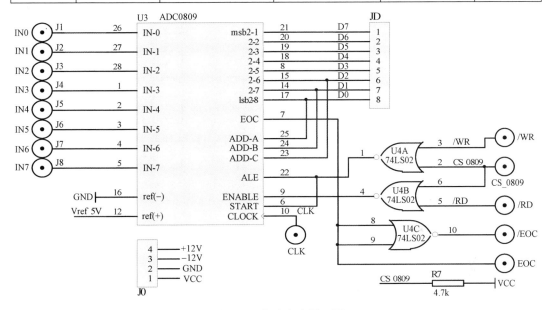

图 8-27 实验电路原理图

2．程序流程图

本实验的程序流程图如图 8-28 所示，首先设置通道，启动 A/D 转换，延时等待 EOC 变为高电平，读取 A/D 转换结果，调用显示子程序，结果在数码管上显示。

3．实验示例程序

本实验的参考程序如下。

```
CODE SEGMENT
ASSUME CS:CODE
ADPORT  EQU  0060H        ;A/D 转换器的端口地址
PAPORT  EQU  0070H        ;8255 的 PA 口、PB 口、PC 口和控制口的端口地址
PBPORT  EQU  0071H
PCPORT  EQU  0072H
```

```
CON8255  EQU  0073H
DATA1 EQU 0500H
      ORG 1000H
START:  JMP ADCONTORL
DATA2   DB 3FH,06H,5BH,4FH,66H,6DH,7DH,07H      ;"0～7"的共阴极码表
        DB 7FH,6FH,77H,7CH,39h,5EH,79h,71h      ;"8～F"的共阴极码表
;0000:0500 存储器中存放"0809-xx"的码表
ADCONTORL: CLI
           MOV  AX,0H
           MOV  DS,AX
           MOV AL,3FH
           MOV BX,DATA1
           MOV DS:[BX],AL
           ADD BX,01H
           MOV AL,7FH
           MOV DS:[BX],AL
           ADD BX,01H
           MOV AL,3FH
           MOV DS:[BX],AL
           ADD BX,01H
           MOV AL,6FH
           MOV DS:[BX],AL
           ADD BX,01H
           MOV AL,40H
           MOV DS:[BX],AL
           ADD BX,01H
           MOV AL,40H
           MOV DS:[BX],AL
           ADD BX,01H
           MOV AL,00H
           MOV DS:[BX],AL
           ADD BX,01H
           MOV AL,00H
           MOV DS:[BX],AL
           ADD BX,01H;DATA1 中按顺序存放 3FH 7FH 3FH 6FH 40H 40H 00H 00H
           ;8255 初始化，设置 PA 口、PB 口均为方式 0 输出口
           MOV  DX,  CON8255
           MOV  AL,  10000000B
           OUT  DX, AL
           MOV AX,0H
           MOV DS,AX
ADCON:     MOV AL,00H                    ;送 0 通道地址
           MOV DX,ADPORT
           OUT DX,AL
           MOV CX,0500H
```

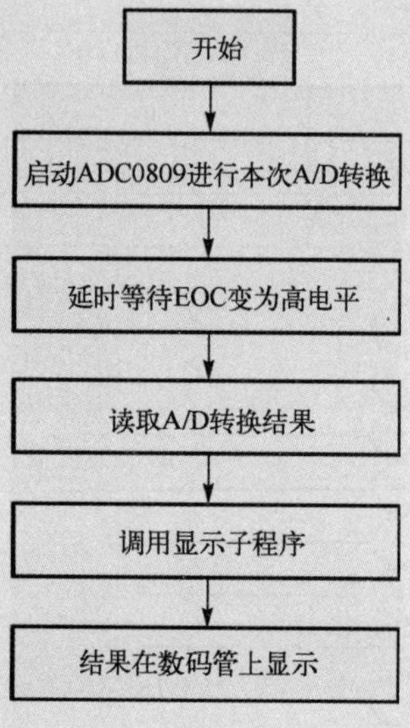

图 8-28　本实验的程序流程图

```
DELAY1:      LOOP  DELAY1                    ;延时，等待 EOC 变为高电平
;A/D 转换的结果存放在 AL 寄存器中
             MOV DX,ADPORT
             IN AL,DX                        ;读取转换结果，范围为 00H～FFH
             MOV CL,AL
             MOV SI, 0500H
;AL 寄存器中的高低 4 位取下，将其码表放到存储器地址为 0000:0506H 和 0000:0507H 中
             CALL  CONVERS
             CALL  LEDDISP
             JMP  ADCON
CONVERS:     MOV BH,0H
             AND AL,0FH
             MOV BL,AL
             MOV AL,CS:[BX+DATA2]
             MOV DS:[SI+7],AL
             MOV AL,CL
             MOV CL,04H
             SHR AL,CL
             MOV BL,AL
             MOV BH,0H
             MOV AL,CS:[BX+DATA2]
             MOV DS:[SI+6],AL
             RET
LEDDISP:     MOV AL,0FEH
             MOV BX,08H
LED1:        MOV DX,PAPORT
             OUT DX,AL                        ;送位选给 8255 的 PA 口
             ROL  AL,1
             PUSH AX
             MOV AL,BYTE PTR[SI]
             MOV DX, PBPORT
             OUT DX,  AL                      ;送段码给 8255 的 PB 口
             INC SI
             MOV CX, 01FFH
DELAY2:      LOOP DELAY2
             MOV AL,0
             OUT DX,AL                        ;共阴极数码管消隐
             POP AX
             DEC BX
             JNZ  LED1
             RET
CODE ENDS
END  START
```

注意：如果用 Proteus 进行仿真，那么由于 CPU 选的是 8086，因此示例程序中的 PA 口、PB 口、PC 口和控制口的端口地址要分别换成 70H、72H、74H 和 76H。

4．软硬件联调过程

按照实验一存储器读写的方法来进行软硬件联调，得出实验结果。

5．仿真电路图

为了方便学生预习，用 Proteus 绘制与实验台对应的硬件图，其中 CLOCK 的频率为 500kHz 信号源的设置参考第 10 章的图 10-15～图 10-17。将生成的*.exe 下载到 Proteus 仿真电路图的 CPU 中，并观察实验现象，实验仿真电路图如图 8-29 所示。通过仿真电路图可以看出 A/D 转换器的转换结果 00H～FFH 显示在数码管上。

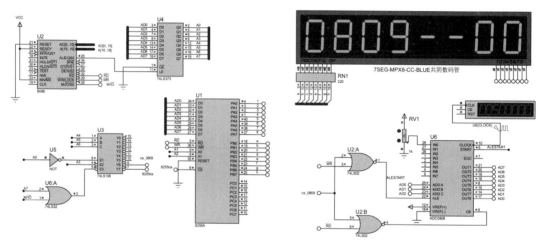

(a) 00H 的显示结果

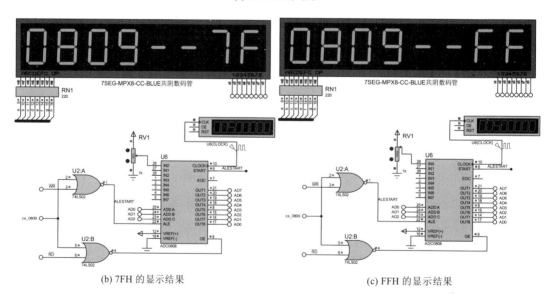

(b) 7FH 的显示结果　　　　　　　　　(c) FFH 的显示结果

图 8-29　实验仿真电路图

本实验选取的元器件如下。

（1）微机芯片：8086。

（2）排阻：RX8。

（3）非门：NOT。

（4）两输入或门：74LS32。

（5）锁存器：74LS373。

（6）8 位共阴极数码管：7EG-MPX8-CC-BLUE。

（7）I/O 接口芯片：8255A。

（8）译码芯片：74LS138。

（9）两输入或非门：74LS02。

（10）A/D 转换芯片：ADC0808。

（11）电位器：POT-HG。

五、思考题

如何修改程序可以实现在数码管上显示"-----XXH"，XX 的范围为 00H～FFH。

实验七　D/A 转换器接口实验

一、实验目的

（1）熟悉型号为 DAC0832 的 D/A 转换器的特性和接口方法。

（2）掌握 D/A 转换器的输出程序的设计和调试方法

二、实验要求

在 DAOUT 端输出锯齿波，根据转换公式 Vout=－[VRFE×（输入数字量的十进制数）]/256，只要将数字量 0～255（00H～FFH）从 0 开始逐渐加 1 递增直至 255 为止，不断循环，在 DAOUT 端就会输出连续不断的锯齿波。

三、实验原理

DAC0832 的内部结构如图 8-30 所示。DAC0832 主要由 8 位输入锁存器、8 位 DAC 寄存器和 8 位 D/A 转换器构成，其中输入锁存器和 DAC 寄存器构成了二级输入锁存缓冲，且有各自的控制信号。由图 8-30 可推导出两级锁存控制信号的逻辑关系，第一级的逻辑关系为 $\overline{LE_1} = \overline{CS} + \overline{WR_1} \cdot I_{LE}$，第二级的逻辑关系为 $\overline{LE_2} = \overline{WR_2} + \overline{XFER}$。当锁存控制信号为 1 时，相应的锁存器处于跟随状态；当锁存控制信号出现负跳变时，将输入信息锁存到相应的锁存器中。DAC0832 的引脚如图 8-31 所示。

DAC0832 的引脚功能如下。

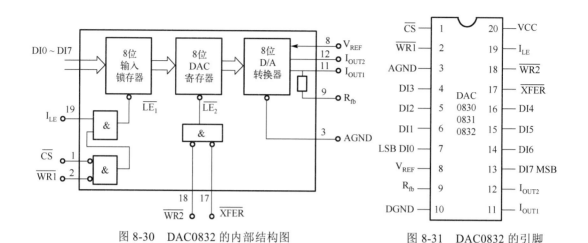

图 8-30　DAC0832 的内部结构图　　　　　图 8-31　DAC0832 的引脚

DI0～DI7：并行数字量输入端。

$\overline{\text{CS}}$：片选信号输入端，低电平有效。

I_{LE}：允许数据锁存输入信号，高电平有效。

$\overline{\text{WR1}}$，：输入锁存器写选通信号，低电平有效。

$\overline{\text{WR2}}$：8 位 DAC 寄存器写选通信号，低电平有效。

$\overline{\text{XFER}}$：传送控制信号，低电平有效。

I_{OUT1}：DAC 电流输出 1 端。DAC 锁存的数据位为"1"的位电流均流出此端；当 8 位数字量全为 1 时，此电流最大；当 8 位数字量全为 0 时，此电流为 0。

I_{OUT2}：DAC 电流输出 2 端，与 I_{OUT1} 互补，$I_{OUT1}+I_{OUT2}=$ 常数。

R_{fb}：反馈电阻端，芯片内部此端与 I_{OUT1} 之间接有电阻，当需要电压输出时，I_{OUT1} 接运算放大器的负端，I_{OUT2} 接运算放大器的正端，R_{fb} 接运算放大器的输出端。

V_{REF}：基准电压输入端，可在 $-10～+10V$ 选择，决定了输出电压的范围。

VCC：数字电源输入（$+5～+15V$）。

AGND：模拟地。

DGND：数字地。

结合两级锁存控制信号的逻辑关系，可分析出当 $\overline{\text{CS}}=0$，$\overline{\text{WR1}}=0$，$I_{LE}=1$ 时，数据写入 DAC0832 的第一级锁存，即 8 位的输入锁存器；当 $\overline{\text{WR2}}=0$，$\overline{\text{XFER}}=0$ 时，数据由输入锁存器进入第二级锁存，即 DAC 寄存器，并输出给 D/A 转换器，开始进行 D/A 转换。

DAC0832 与微机的接口有三种连接方式：直通方式、单缓冲方式和双缓冲方式，可根据需要选择使用。

（1）直通方式。两个锁存器都处于跟随状态，不对数据进行锁存，即控制信号 $\overline{\text{CS}}$，$\overline{\text{WR1}}$，I_{LE}，$\overline{\text{WR2}}$ 和 $\overline{\text{XFER}}$ 都预先设置为有效状态，使 $\overline{\text{LE}}_1$ 和 $\overline{\text{LE}}_2$ 都为 1。这样，D/A 转换不受控制，即一旦有数字量输入就立即进行 D/A 转换。因此，DAC0832 的输出随时跟随输入的数字量的变化而变化。

（2）单缓冲方式。单缓冲方式有两种实现方法：一种是令两个数据缓冲器中的一个处于直通方式，另一个处于受控方式；另外一种是将两级数据缓冲器的控制信号并联相接，使其同时处于受控方式。

单缓冲方式易于实现、编程简单，适用于只有一路模拟量输出，或者多路模拟量不要求同步输出的应用系统。

（3）双缓冲方式。双缓冲方式是指二级数据缓冲分别受控。CPU 要对 DAC0832 进行两步写操作：① 将数据分别写入两片 DAC0832 的第一级数据缓冲器中；② 将两片的第一级缓冲器的数据同时写入各自第二级缓冲器中，实现分时写数据，同步转换。双缓冲方式适用于多路 D/A 转换器接口,控制多路 D/A 转换器同步输出不同模拟电压的单片机系统。

四、实验步骤

1. 电路连接

A/D 转换器和 D/A 转换器在同一块实验板上，实物图参考实验六中的图 8-26，实验电路原理图如图 8-32 所示，DAC0832 的 JK 连系统板的 20 根总线 JKZ0，CS_0832 插孔连 8088 CPU 板的译码输出 Y7 插孔，详细的实验连线如表 8-11 所示。

表 8-11　实验连线表

DAC08032	系统板	8088CPU 板
JK		JKZ0
CS_0832 插孔		Y7
J0	J4	

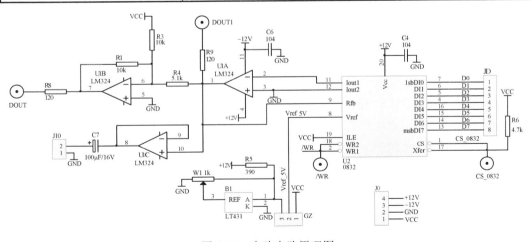

图 8-32　实验电路原理图

2. 程序流程图

本程序的程序流程图如图 8-33 所法。首先初始化 DAC0832，数据 00 送给寄存器

AL，AL 中的数据送给 DAC0832，延时，AL 中的数据加 1，从 00～255 循环转换，周而复始地输出锯齿波。

4．实验示例程序

本实验的参考程序如下。

```
CODE SEGMENT
ASSUME CS:CODE
DAPORT  EQU 0070H
START: MOV DX,DAPORT
       MOV AL,00H
DACON1: OUT DX,AL
        INC AL
        MOV CX,08H
DACON2: LOOP DACON2
        JMP DACON1
CODE ENDS
END START
```

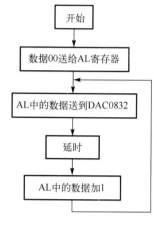

图 8-33　程序流程图

4．软硬件联调过程

按照实验一存储器读写的方法来进行软硬件联调，得出实验结果。

5．仿真电路图

为了方便学生预习，用 Proteus 绘制与实验台对应的硬件图，将生成的*.exe 下载到 Proteus 仿真电路图的 CPU 中，并观察实验现象，实验仿真电路图如图 8-34 所示，通过仿真电路图可以看出 D/A 转换器的转换结果显示在虚拟示波器上。

本实验选取的元器件如下。

（1）微机芯片：8086。

（2）非门：NOT。

（3）译码芯片：74LS138。

（4）两输入或门：74LS32。

（5）锁存器：74LS373。

（6）D/A 转换器：DAC0832。

（7）运算放大器：LM324。

五、思考题

使用单缓冲方式中的第一级缓冲器（直通方式）和第二级缓冲器（受控方式），并且将图 8-34 中的 74LS138 的 Y5 接到控制端，按要求修改实验仿真电路图和程序。

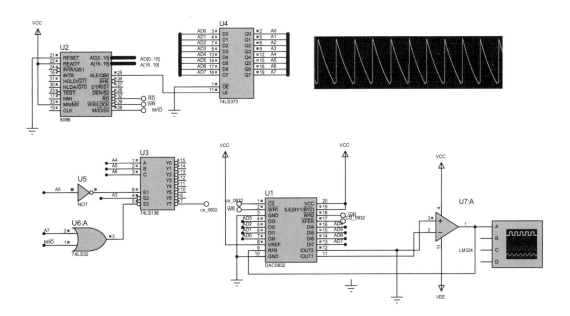

图 8-34 实验仿真电路图

实验八 步进电机驱动实验

一、实验目的

（1）了解步进电机控制的基本原理。

（2）掌握步进电机的转动编程方法。

二、实验要求

要求 8255 的 PA 口输出控制脉冲，由 UN2003 驱动步进电机正转、反转和停止。

三、实验原理

步机电机驱动原理是：通过对每相线圈中的电流的顺序切换来使电机进行步进式旋转。因为驱动电路由脉冲信号来控制，调节脉冲信号的频率便可改变步进电机的转速，所以用微机控制步进电机最适合。

4 相步进电机的工作方式如下。

（1）单相 4 拍工作方式：电机控制绕组 A、B、C、D 相的正转通电顺序为 A→B→C→D→A；反转通电顺序为 A→D→C→B→A；

（2）4 相 8 拍工作方式：正转绕组的通电顺序为 A→AB→B→BC→C→CD→D→DA；反转绕组的通电顺序为 DA→D→DC→C→CB→B→BA→A。

（3）双 4 拍工作方式：正转绕组通电顺序为 AB→BC→CD→DA；反转绕组通电顺

序为 AD→CD→BC→AB。

若要使步进电机工作在 4 相 8 拍工作方式下正转，则应依次给 PA 口送 01H→03H→02H→06H→04H→0CH→08H→09H；若要使步进电机工作在 4 相 8 拍工作方式下反转，则依次送 09H→08H→0CH→04H→06H→02H→03H→01H 即可。

若要使步进电机工作在双 4 拍工作方式下正转，则应依次给 PA 口送 03H→06H→0CH→09H。

四、实验步骤

1. 电路连接

步进电机和直流电机在同一块实验板上，实物图如图 8-35 所示，实验电路原理图如图 8-36 所示，电机模块的上 BA、BB、BC、BD 分别接到 8255 模块上的 PA0～PA3，8255CS 连 8088 CPU 板上的译码输出 Y7 插孔，详细的实验连线如表 8-12 所示。

表 8-12　实验连线表

序号	8255A	系统板	8088 CPU 板	步进电机
1	JK		JKZ0	
2	8255CS		Y7	
3	PA0			BA
4	PA1			BB
5	PA2			BC
6	PA3			BD
7		J8		J0

图 8-35　实物图

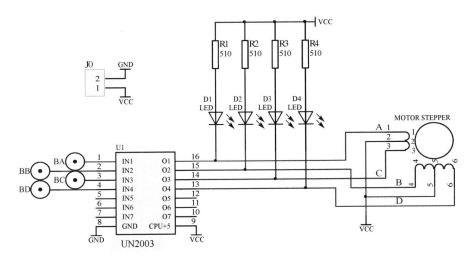

图 8-36　实验电路原理图

2. 程序流程图

本实验的程序流程图如图 8-37 所示，首先设置 8255 的方式控制字，然后给 PA 口送双 4 拍的控制字，每送一拍都要延时，通过延时来控制电机的转速。

3. 实验示例程序

```
CODE SEGMENT
ASSUME CS:CODE
        IOAPTEQU 0070H
        IOBPTEQU 0071H
        IOCPTEQU 0072H
        IOCONTROL  EQU 0073H
START:  JMP IOLED1
IOLED1: MOV AL,80H
        MOV DX, IOCONTROL
        OUT DX,AL
        MOV DX,IOAPT
        MOV AL,03H
        OUT DX,AL
        CALL DELAY
        MOV AL,06H
        OUT DX,AL
        CALL DELAY
        MOV AL,0CH
        OUT DX,AL
        CALL DELAY
        MOV AL,09H
        OUT DX,AL
        CALL DELAY
        JMP START
```

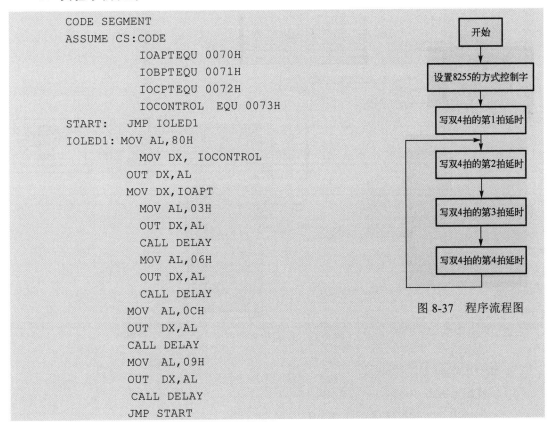

图 8-37　程序流程图

```
DELAY:      MOV CX,08000H
DELA:       LOOP DELA
            RET
CODE ENDS
END  START
```

以上是正转的示例程序,反转只要将 8255 的方式控制字换成 09H→0CH→06H→03H 即可。

注意:如果使用 Proteus 进行仿真,那么由于 CPU 选的是 8086,因此示例程序中的 PA 口、PB 口、PC 口和控制口的端口地址要分别换成 70H、72H、74H 和 76H。

4.软硬件联调过程

按照实验一存储器读写的方法来进行软硬件联调,得出实验结果。

5.仿真电路图

为了方便学生预习,用 Proteus 绘制与实验台对应的硬件图,将生成的*.exe 下载到 Proteus 仿真电路图的 CPU 中,并观察实验现象,实验仿真电路图如图 8-38 所示。通过仿真电路图可以观察步进电机线圈的通电情况,通过方式控制字实现电机的正转和反转。

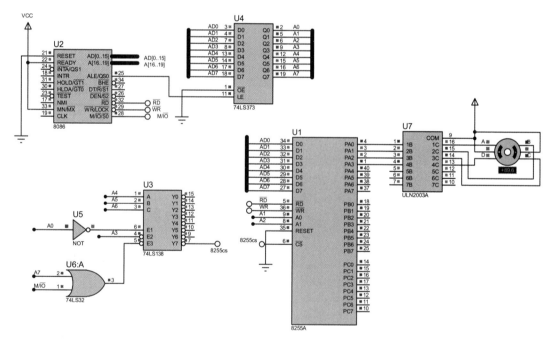

图 8-38 实验仿真电路图

本实验选取的元器件如下

(1)微机芯片:8086。

(2)步进电机:MOTOR-STEPPER。

（3）非门：NOT。

（4）两输入或门：74LS32。

（5）锁存器：74LS373。

（6）I/O 接口芯片：8255A。

（7）译码芯片：74LS138。

（8）达林顿管：ULN2003。

五、思考题

（1）如何调整步进电机的转速？

（2）如果采用 4 相 8 拍反转工作方式，那么该如何修改本实验程序？

（3）要求加 3 个按键，修改本实验程序实现按键控制步进电机的正转、反转和停止。

第五篇 单片机原理与接口实验

第9章

单片机软件实验

9.1　Keil C51 软件

1．工程文件的建立

（1）进入 Keil μVision4 IDE 集成开发环境后，选择"Project→New μVision Project"选项，出现如图 9-1 所示的对话框，选择工程要保存的路径，输入工程文件名。为了方便管理，通常我们将一个工程放在一个独立的文件夹中，如保存到 exam_1 文件夹，工程文件的名字为 exam_1，如图 9-1 所示，然后单击"保存"按钮。工程建立后，此工程名变为 exam_1.uv2。

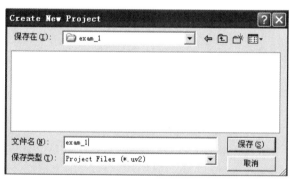

图 9-1　"Create New Project"对话框

（2）单击"保存"按钮后，出现的对话框要求选择目标 CPU（所用芯片的型号）。Keil 支持的 CPU 很多，Keil 软件的关键是程序代码的编写，而不是用户选择什么硬件，所以此处选择 Atmel 公司的 89C52 芯片。单击 ATMEL 前面的 "+" 按钮,展开该层,单击其中的 "AT89C52" 选项,出现如图 9-2 所示的界面,然后单击 "确定" 按钮,弹出将 8051 初始化代码复制到工程中的询问窗口,如图 9-3 所示。该功能便于用户修改启动代码。刚开始学习时,尚不知如何修改启动代码,建议选择 "否",当然也可以选择 "是",只要不对文件代码进行修改,就不会对工程产生不良影响。

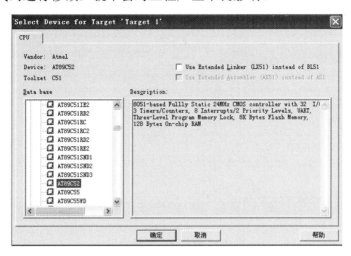

图 9-2 "选择单片机型号" 界面

图 9-3 询问窗口

(3) 单击 "否" 按钮,出现如图 9-4 所示的窗口。

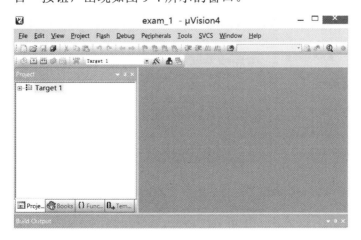

图 9-4 新建工程后的窗口

至此，虽然新建了一个工程，但工程中还没有源文件和代码，因此还未建立好一个完整的工程，接下来向工程中添加文件和代码。

（4）单击"File→New"选项或者单击工具栏的新建文件按钮，新建文件后的窗口如图 9-5 所示。

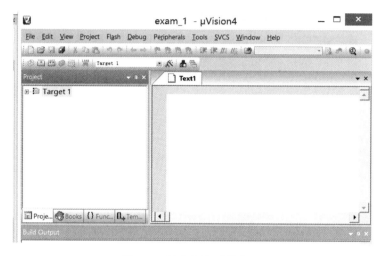

图 9-5　新建文件后的窗口

在 Text1 文本文件中输入用户的应用程序，但此时这个新建文件与刚才建立的工程还没有直接联系，单击"保存"按钮，其窗口如图 9-6 所示，在"文件名"文本框中，输入要保存的文件名，同时必须输入正确的扩展名。注意，若用 C 语言编写程序，则扩展名必须为.c；若用汇编语言编写程序，则扩展名必须为.asm。这里的文件名不一定要与工程名相同，用户可以随意填写文件名，然后单击"保存"按钮。

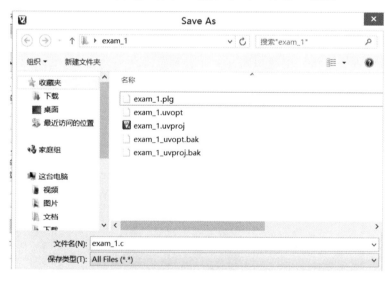

图 9-6　保存文件窗口

（5）回到编辑界面，单击"Target 1"前面的"+"按钮，选中"Source Group 1"选项，右击，弹出如图 9-7 所示的菜单。然后选择"Add Files to Group 'Source Group 1'"菜单项，弹出如图 9-8 所示的对话框。

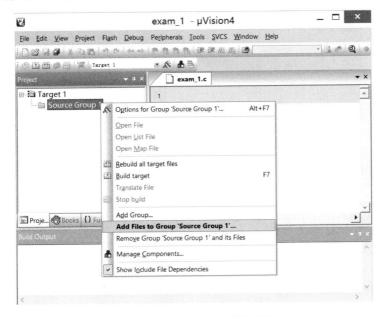

图 9-7　将文件加入工程的菜单

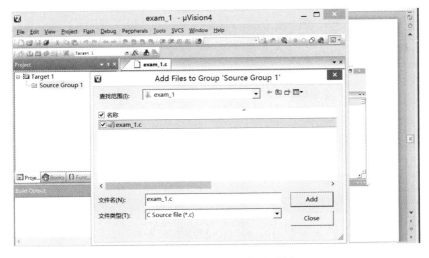

图 9-8　选中文件后的对话框

选中"exam_1.c"文件，单击"Add"按钮，再单击"Close"按钮，将文件加入工程后的窗口如图 9-9 所示。

在图 9-9 中，再单击左侧"Sourse Group 1"前面的"+"按钮。这时注意到"Source Group 1"文件夹中多了一个子项"exam_1.c"，当一个工程中有多个代码文件时，要将全部代码文件都添加在这个文件夹下，这时代码文件就与工程关联起来了。

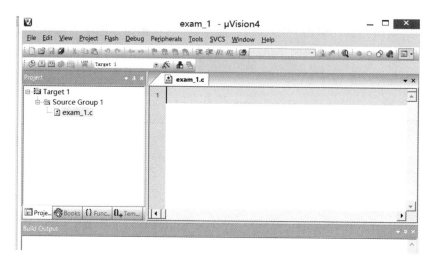

图 9-9　将文件加入工程后的窗口

（6）回到图 9-9 中的编辑窗口，在该窗口中输入点亮一个发光二极管的 C 语言程序。在输入程序时，Keil 会自动识别关键字，并以不同的颜色提示用户加以注意，这样会使用户少犯错误，有利于提高编程的准确率。但若新建立的文件没有事先保存，则 Keil 是不会自动识别关键字的，也不会以不同颜色显示关键字。程序输入完毕后保存，如图 9-10 所示。

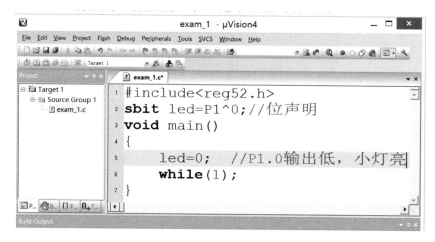

图 9-10　输入代码后的编辑窗口

通过以上（1）～（6）步学习了如何在 Keil 编译环境下建立一个工程，下面进入第二步，对工程进行设置。

2．工程的设置

首先，单击图 9-10 中左边 "Project" 窗口的 Target 1，然后单击 "Project→Option for Target 'Target l'" 菜单项，即出现 "Options for Target 'Target l'" 对话框，其中 "Device Target" 选项卡如图 9-11 所示，"Options for Target 'Target l'" 对话框比较复杂，其中共有 10 个选

项卡，若要将 10 个选项卡中的功能全部弄清不太容易，但绝大部分选项卡中的设置项取默认值即可，这里仅对一些经常要进行设置的选项进行说明。

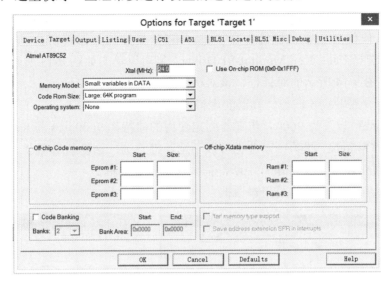

图 9-11　Device Target 选项卡

（1）Output（输出）选项卡

Output 选项卡如图 9-12 所示。Create HEX File：用于生成可执行代码文件，即可以用编程器写入单片机的.HEX 格式文件，文件的扩展名为.HEX，默认情况下该项未被选中，若要做硬件实验，则必须选中该项，这一点是初学者容易疏忽的，在此特别提醒初学者注意。

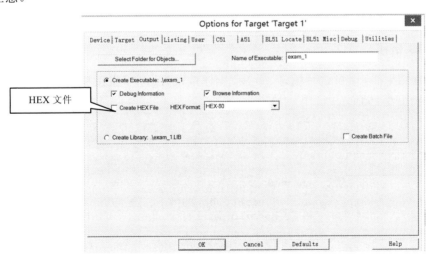

图 9-12　Output 选项卡

（2）Debug（调试）选项卡

Debug 选项卡如图 9-13 所示。选择"Load Application at Start（起动时加载程序）"

复选框后，Keil 才会自动装载程序代码。在调试 C 语言程序时，选择"Run to main()"
复选框，计算机会自动运行到 main 程序处。

Debug 选项卡中有两类仿真形式可选：Use Simulator 和 Use：Keil Monitor-51 Driver，
前一种是纯软件仿真，后一种是带有 Monitor-51 目标仿真器的仿真。这里选择 Use
Simulator。若选择 Use：Keil Monitor-51 Driver，则可以单击如图 9-13 所示的"Settings"
按钮，打开如图 9-14 所示的对话框，该对话框中的设置内容如下。

① Port：设置串口号，是仿真器的串口连接线所连接的串口。

② Baudrate：设置为 9600，仿真器固定使用的波特率 9600bit/s 与 Keil 进行通信。

③ Cache Options：此项可以选也可以不选，推荐选，这样仿真器会运行得快一点。

④ Serial Interrupt：允许串行中断，需要勾选该复选框。

最后单击"OK"按钮，关闭对话框。

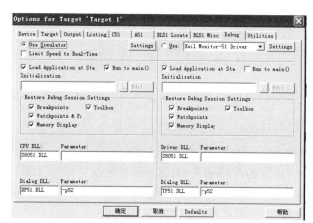

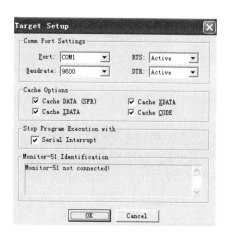

图 9-13　Debug 选项卡　　　　　　　　图 9-14　"Target Setup"对话框

3. 编译、链接

工程设置结束后，即可进行编译、链接。编译按钮有三个，直接单击第三个"Rebuild"
按钮即可，如图 9-15 所示。

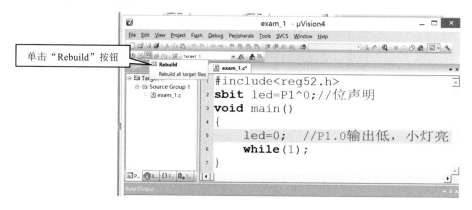

图 9-15　编译按钮选择"Rebuild"按钮

编译过程中的信息将出现在编译信息输出窗口中。若源程序中有语法错误，则会有错误报告出现。双击错误报告行，可以定位到出错的源程序相应行；然后对源程序进行反复修改，得到如图 9-16 所示的结果，结果报告本次对 exam_1.c 文件进行了编译，报告内部 RAM 使用量（9 字节）、外部 RAM 使用量（0 字节）、链接后生成的程序文件代码量（19 字节），提示生成了.HEX 格式的文件，在这一过程中还会生成一些其他文件。产生的目标文件用于 Keil 的仿真与调试，此时可进入下一步调试工作。

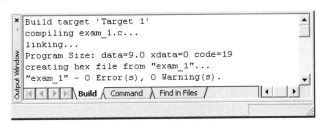

图 9-16　编译、链接结果

4．调试程序

在对工程成功地进行汇编、链接后，根据图 9-13 中选择 Use Simulator 或者 Use Keil Monitor-51 Driver 后，按"Ctrl+F5"组合键或者单击"Debug（调试）→Start/Stop Debug Session（开始/停止调试）"按钮，即可进入调试状态。调试工具条如图 9-17 所示。

图 9-17　调试工具条

9.2　Proteus 系统仿真软件

Proteus 7 Professional 软件主要包括 ISIS 7 Professional 和 ARES 7 Professional，其中 ISIS 7 Professional 用于绘制原理图并可进行电路仿真（SPICE 仿真），ARES 7 Professional 用于 PCB 设计，由于篇幅关系，本书只介绍前者。

9.2.1　Proteus 7 Professional 界面介绍

安装完 Proteus 后，运行 ISIS 7 Professional，会出现如图 9-18 所示的窗口。窗口内各部分的功能都用中文做了标注。ISIS 7 Professional 大部分操作与 Windows 的操作类似。下面简单介绍其各部分的功能。

1．原理图编辑窗口（Editing Window）

原理图编辑窗口是用来绘制原理图的。框内为可编辑区，元器件要放到里面。与其他 Windows 应用软件不同，这个窗口是没有滚动条的，用户可以用左上角的预览窗口来改变原理图的可视范围。

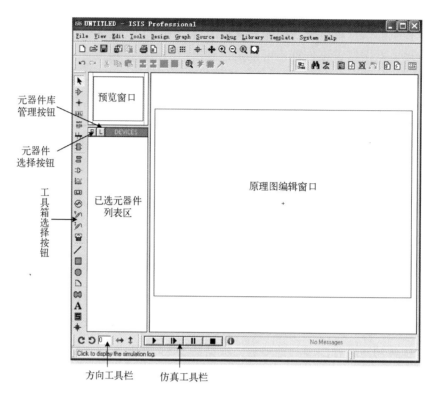

图 9-18　ISIS 7 Professional 的编辑窗口

2．预览窗口（Overview Window）

当从元器件列表中选择一个新的元器件时，预览窗口可以预览选中的对象。而当单击原理图编辑窗口后（放置元器件到原理图编辑窗口后或在原理图编辑窗口中单击后），在预览窗口中显示两个框，蓝框表示当前页的边界，绿框表示当前编辑窗口显示的区域，并会显示整张原理图的缩略图，此时可以移动光标到预览窗口拖动绿色方框，从而改变原理图编辑窗口的可视范围。

3．工具箱选择按钮（Mode Selector Toolbar）

主要模型（Main Modes）的功能如下。

：选择模式，用于及时编辑元器件参数。

：选择元器件。

：放置节点。

：标注线段名或导线标签。

：输入文本。

：绘制总线。

：绘制子电路块。

配件（Gadgets）的功能如下。

：终端接口（Terminal），包括 VCC、地、输出、输入等接口。

： 元器件引脚，用于绘制各种引脚。

： 仿真图表（Graph），用于各种分析，如 Noise Analysis。

： 录音机。

： 信号发生器（Generators）。

： 电压探针，使用仿真图表时要用到。

： 电流探针，使用仿真图表时要用到。

： 虚拟仪表、示波器、逻辑分析仪等。

2D 图形（2D Graphics）的功能如下。

： 画各种直线。

： 画各种方框。

： 画各种圆。

： 画各种圆弧。

： 画各种多边形。

A： 画各种文本。

： 画符号。

： 画原点等。

4．元器件列表区（Object Selector）

用于挑选元器件、终端接口、信号发生器、仿真图表等。例如，当需要选择元器件时，单击 P 按钮会打开挑选元器件的对话框，选择了一个元器件后（单击"OK"按钮后），该元器件会在已选元器件列表区中显示，当以后要用到该元器件时，只需在已选元器件列表区中选择该元器件即可。

5．方向工具栏（Orientation Toolbar）

： 旋转工具，旋转角度只能是 90°的整倍数。

： 翻转工具，分别为水平翻转和垂直翻转。

使用方法：先右击所选元器件，再选择相应的旋转图标。

6．仿真工具栏

： 仿真控制按钮，由左向右功能分别为：运行、单步运行、暂停、停止。

9.2.2　电路原理图的绘制

采用 AT89C52 单片机控制的流水灯电路原理图如图 9-19 所示。在单片机的 P1 口接了 D1～D8 共 8 个发光二极管，若 P1 口的某一引脚输出低电平，则相应的发光二极管就会发光，通过控制 P1 口的各引脚输出不同的电平状态，就可以控制 8 个发光二极管实现流水灯点亮的效果。现在先介绍使用 ISIS 7 Professional 绘制流水灯电路原理图的过程，再介绍软件的调试。

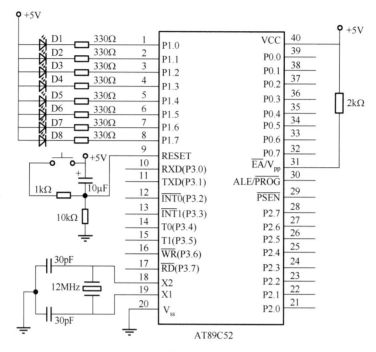

图 9-19　流水灯电路原理图

1．将所需元器件加入对象选择器窗口

运行 ISIS 7 Professional 之后，单击元器件选择按钮 P，在弹出的 Pick Devices 窗口中，使用搜索引擎，在 Keyword 栏中分别输入要选择的元器件。以单片机为例，在 Keyword 栏中输入 AT89C52，在 Results 栏中会出现 AT89C52 和 AT89C52.BUS 两个选择对象，如图 9-20 所示。其中 AT89C52.BUS 的地址线和数据线都是以总线形式出现的。这里选择不以总线出现的单片机 AT89C52，在 Results 栏中双击 AT89C52，在已选元器件列表区出现 AT89C52。用同样的方法添加其他元器件。因为元器件选择库中的元器件很多，初学者不知如何选择，此处列出简单单片机应用系统常用元器件，如表 9-1 所示。

表 9-1　简单单片机应用系统常用元器件

名称		Keywords	备注
单片机		AT89C51/AT89C52	
晶振		CRYSTAL	
电容	瓷片电容	CAP	全称 generic non-electrolytic capacitor
	电解电容	CAP-ELEC	
	有极性电容	CAP-POL	
电阻		RES	全称 generic resistor symbol
开关	单刀单掷开关	SW-SPDT	
	单刀双掷开关	SW-SPST	

续表

名称	Keywords	备注
按钮	BUTTON	
发光二极管	LED	
7 段数码管	7SEG	

2．放置元器件至原理图编辑窗口

在已选元器件列表区单击元器件，在预览窗口中就会出现元器件的预览图形，然后在原理图编辑窗口单击，元器件的原理图就出现在编辑窗口中。将单片机、晶振、电容、发光二极管等放置到原理图编辑窗口中，如图 9-20 所示。

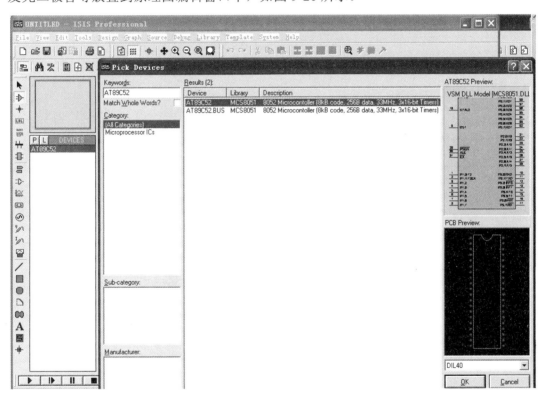

图 9-20　把元器件加到原理图编辑窗口中

3．放置总线至原理图编辑窗口

在 Proteus 中，系统支持在层次模块之间运行总线，要将图 9-21 中的 P1.0～P1.7 与 8 个发光二极管相连，我们要采用总线的连接方式。

单击总线按钮 ┻ ，使之处于选中状态。将光标置于原理图编辑窗口中，绘制出如图 9-22 所示的总线。在绘制多段连续总线时，只需要在拐点处单击，其他步骤与绘制一段总线的步骤相同。

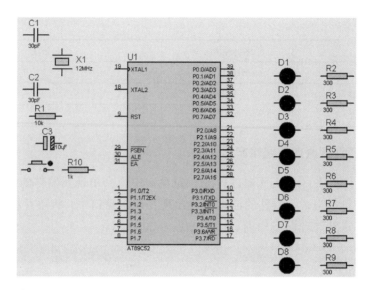

图 9-21　放置元器件至原理图编辑窗口中

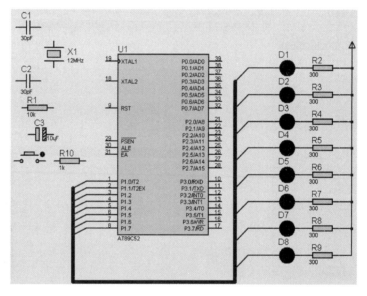

图 9-22　放置总线至原理图编辑窗口中

4．添加电源和接地引脚

单击终端接口按钮 ，在已选元器件列表区中，选中对象 POWER 和 GROUND，如图 9-23 所示，将其放置到原理图编辑窗口中。

5．元器件之间的连线

在原理图编辑窗口，完成各对象间的连线，如图 9-24 所示。连线时，单击选择模式按钮 ，当光标在原理图编辑窗口中移动到某个元器件的端口时，光标就变为铅笔的形状，此时按住鼠标左键，就可以开始连线了。在此过程中请注意：当线路出现交叉点时，若出现实心小黑圆点，则表明导线接通；否则表明导线无接通关系。当然，也可以通过放置节点按钮 ✛，完成两条交叉线的接通。

在绘制斜线时，先在需要拐弯的地方单击，然后按下 Ctrl 键，再拖动鼠标，就可以画任意方向的连线了。

在使用 ISIS 7 Professional 绘制原理图时，单片机的电源和地线可以不连接，默认它们已经接好了，复位电路和晶振电路也可以不连接，默认它们也是处于已经接好的状态，但是在实际电路中，这些电路一定要接上。

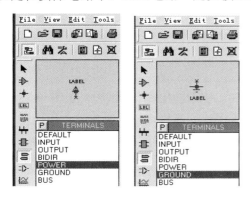

图 9-23　添加电源和接地引脚

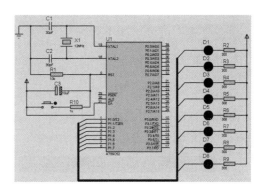

图 9-24　完成各对象间的连线后的界面

6．给导线或总线加标签

单击导线标签按钮 ，在原理图编辑窗口中，当光标变为铅笔的形状时，将光标移动到要标注的导线上，铅笔的笔尖出现"×"，单击"×"按钮，出现编辑导线标签的对话框，如图 9-25 所示，在"String"文本框中输入要标注的标签名称，标签就会加到相应的导线上。在总线两侧的导线上加注标签后的界面如图 9-26 所示。

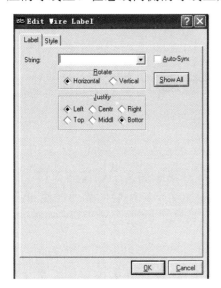

图 9-25　编辑导线标签的对话框

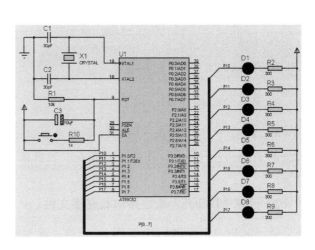

图 9-26　给导线加注标签后的界面

在标注过程中需要注意以下问题。

（1）总线的命名可以与单片机的总线名相同，也可以不同。但方括号内的数字却被赋予了特定的含义。例如，总线命名 P1[0～7]，意味着此总线可以分为 8 条彼此独立的导线，分别命名为 P10、P11、P12、P13、P14、P15、P16、P17。若该总线一旦标注完成，则系统自动在导线标签编辑对话框的 String 文本框的下拉列表中加入以上 8 组导线名，今后在标注与之相联的导线名称时，如 P10，可以直接从导线标签编辑对话框的 String 文本框的下拉列表中选取，如图 9-27 所示。

（2）若标注名为 $\overline{\text{RD}}$，则直接在导线标签编辑对话框的 String 文本框中输入RD即可，也就是说，可以用两个$符号来表示字母上面的横线。

7．添加电压探针

单击电压探针按钮 ，在原理图编辑窗口中，完成电压探针的添加，如图 9-28 所示。在此过程中，电压探针名默认为 "?"，当电压探针的连接点与导线或者总线连接后，电压探针名自动更改为已标注的导线名、总线名，或者与该导线连接的设备引脚名。

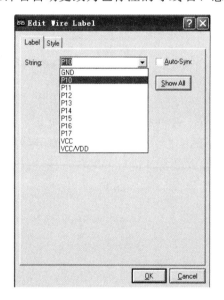

图 9-27　从下拉列表中选取标签

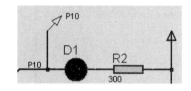

图 9-28　添加电压探针

8．添加文字标注

单击文字标注按钮 **A**，在原理图编辑窗口中单击，出现添加文字标注的窗口，如图 9-29 所示，在 String 文本框中输入 "复位按钮"，添加文字标注后的界面如图 9-30 所示。

9．修改 AT89C52 属性并加载程序文件

使用 Keil 软件新建一个工程 exam_2，输入如下程序，实现将图 9-19 中的 8 个发光二极管单方向轮流点亮。

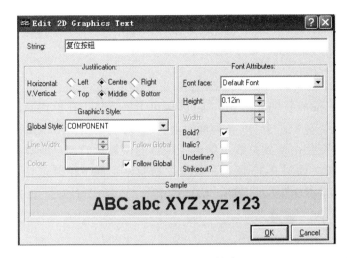

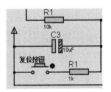

图 9-29 添加文字标注的窗口 图 9-30 添加文字标注后的界面

```c
#include <reg52.h>              //52 系列单片机头文件
#include <intrins.h>
#define uchar unsigned char
#define uint unsigned int
void delay(uint z);
void main()                     //主函数
{
    uchar aa=0xfe;
    while(1)                    //大循环
      {
        P1=aa;
        aa=_crol_(aa,1);
        delay(1000);
      }
}
void delay (uint  z)
{
    uint i,j;                   //声明无符号整型变量 i, j
    for(i=z;i>0;i--)
    for(j=110;j>0;j--);
}
```

将源文件命名为 exam_2.c，并将其加入工程 exam_2 中。编译、链接后生成 exam_2.hex。

双击"U1-AT89C52"元器件，打开"Edit Component"对话框，如图 9-31 所示。在"Program File"文本框中选择 exam_2.hex。

在"Clock Frequency"文本框中输入 11.0592MHz，其他为选项默认，单击"OK"按钮，保存设置并退出。

从"File"下拉菜单中选择"Save As"菜单项，提示输入文件名，此处输入 exam_2.DSN，单击"保存"按钮。至此，便完成了整个电路图的绘制。

10．调试运行

单击仿真运行开始按钮 ▶ ，能清楚地观察到：① 引脚电平的变化，红色代表高电平，蓝色代表低电平，灰色代表未接入信号，或者为高阻态；② 连到单根信号线上的电压探针的高低电平值在周期性地变化，连到总线上的电压探针的值显示的是总线数据。加载 exam_2.hex 后，程序运行情况如图 9-32 所示，发光二极管从上向下轮流点亮，实现了"流水"的效果。单击仿真运行结束按钮 ■ ，仿真结束。

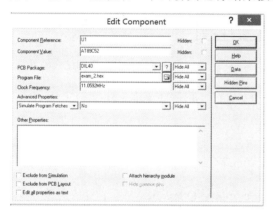

图 9-31　修改 AT89C52 属性并加载程序　　　　图 9-32　调试运行结果

9.3　STC 系列单片机下载

9.3.1　Keil C51 仿真器使用

1．仿真器的连接

仿真器的连接步骤如下。

（1）将随机配备的专用仿真器按标识字符向上的方向插到系统板 51 CPU 仿真区的 JFZ 位置（40 芯双排插针座）。

（2）用一根 USB 通信线一头（扁口）连计算机的 USB 接口，另一头连仿真器的 USB 接口。

（3）打开电源。

（4）连接网络后，计算机显示找到新设备，让系统自己找驱动程序并且安装。

（5）安装完成后，依次选择"控制面板→系统→硬件→设备管理器→端口"选项，确认是否安装好驱动软件，并识别对应的 USB 转串口的端口号。

2．工程设置

工程设置的步骤如下。

（1）选择 Debug 选项卡，按图 9-33 进行设置。

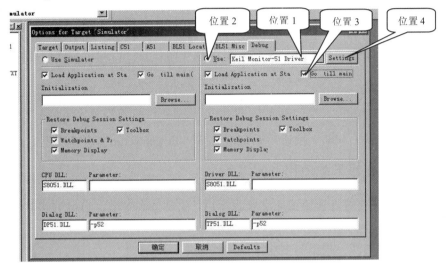

图 9-33 工程设置

① Use：Keil Monitor-51 Driver（位置 1）：该下拉框用于选择硬件仿真还是软件仿真，Use：Keil Monitor-51 Driver 表示选择硬件仿真（根据实际的硬件仿真器设置）。Use Simulator 表示选择软件仿真。

② Load Application at Start（位置 2）：若勾选该复选框，则在程序编译好后，Keil 会自动装载用户的程序代码。

③ Go till main（位置 3）：在调试 C 语言程序时，可以勾选该复选框，程序会自动运行到 main 程序处。

（2）单击"Settings"按钮（位置 4），打开"Target Setup"窗口，如图 9-34 所示。

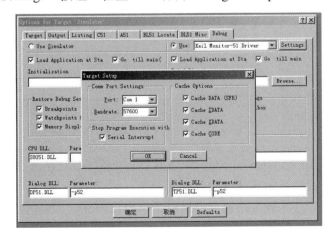

图 9-34 "Target Setup"窗口

① 在"Comm Port Settings"选区中设置 Port：设置端口号，在 9.3.1 节中的仿真器使用"**1. 仿真器的连接**"中的第 5 点里确认的端口号。

② 在"Comm Port Settings"选区中设置通信波特率，在"Baudrate"选择"57600"，即仿真器固定以 57600bit/s 的波特率与 Keil 通信。

③ 勾选"Serial Interrupt"复选框，用于软件复位，这样同一工程文件在运行后，若发现问题，不需要按下硬件复位键退出程序的运行，而是可以及时修改，重新编译运行即可。

④ "Cache Options"选区中的 4 个复选框可选可不选，推荐全部勾选，这样仿真器的运行速度会提高。

⑤ 最后单击"OK"按钮后确定，关闭"Target Setup"窗口后返回。

9.3.2 ISP 在线下载使用

在使用 USB 仿真器调试完实验程序后，脱离仿真器运行自己的实验程序，具体步骤如下。

（1）关闭电源，根据需要将线连接好。

（2）插入 5.2 节中讲解的在线下载芯片到插座，接上 USB 连接线。

（3）安装 CH340 驱动程序，然后进入计算机的设备管理器查看是否已安装好驱动程序，如图 9-35 所示，图中显示的是 COM5。

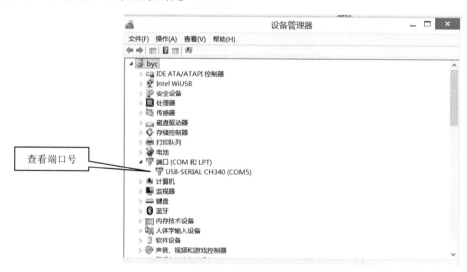

图 9-35　查看 COM5 端口号

（4）运行 stc-isp-15xx-v6.87H.exe，即进入 ISP 在线下载烧录界面，如图 9-36 所示。

（5）按照如图 9-37 所示的步骤设置 ISP 界面。

（6）由于 STC 在线下载采用的是冷启动，全部设置好后，最后给硬件系统送电源。下载成功的界面如图 9-38 所示，显示操作成功。

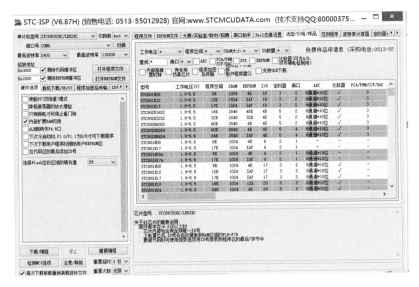

图 9-36　ISP 在线下载烧录界面

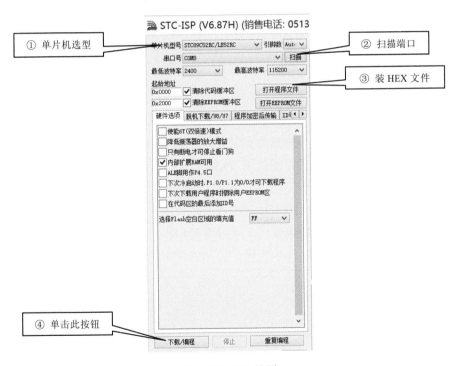

图 9-37　ISP 界面

图 9-38　下载成功的界面

第 10 章
单片机硬件实验

实验一　单片机最小系统模块

一、实验目的

在进行其他硬件实验之前，先熟悉实验装置的核心模块——单片机最小系统模块。掌握该实验模块的电路原理和接口的使用方法。

（1）掌握单片机振荡器时钟电路及 CPU 工作时序。

（2）掌握复位状态及复位电路设计。

（3）掌握单片机各引脚功能及通用 I/O 口的使用。

（4）掌握 μVision4 IDE 集成开发环境，Proteus 仿真软件和 STC 单片机下载软件 ISP 的使用。

二、实验设备

（1）USB 连接线。

（2）单片机最小系统教学实验模块。

（3）正负单脉冲电路（1 路手动）。

三、实验要求

（1）连接实验电路，编写简易单片机 C 程序达到下述工作要求：P3.3 口作为输入口，外接一个脉冲，每输入一个脉冲，P1 口按十六进制数加 1 输出，编写程序使 P1 口接的 8 个发光二极管 D0～D7 按十六进制数加 1 的方式点亮。

（2）将编写的程序进行编译，编译成功后，将在 μVision4 IDE 软件中生成*.hex 文件，通过 ISP 将该文件下载到单片机芯片中，观察实验现象。

（3）用 Proteus 仿真软件画出实验电路图，将在 μVision4 IDE 软件中生成的*.hex 文件下载到 Proteus 仿真电路图中的单片机芯片中，观察实验现象。

四、实验原理

1. STC89C51 引脚说明

以常用的单片机芯片 STC89C52 为例，对其引脚进行简要介绍，其引脚图如图 10-1 所示。

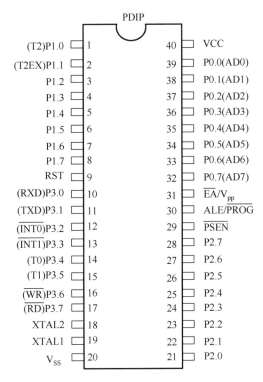

图 10-1　STC89C52 引脚图

P0.0～P0.7：P0 口的 8 位双向三态 I/O 口线。

P1.0～P1.7：P1 口的 8 位准双向口线。

P2.0～P2.7：P2 口的 8 位准双向口线。

P3.0～P3.7：P3 口的 8 位具有双重功能的准双向口线。

ALE：地址锁存控制信号。

$\overline{PSEN}$：外部 ROM 读选通信号，当读外部 ROM 时，$\overline{PSEN}$ 低电平有效。

$\overline{EA}/V_{pp}$：访问 ROM 控制信号，当 $\overline{EA}$ 为低电平时，对 ROM 的读操作限制在外部 ROM；当 $\overline{EA}$ 为高电平时，对 ROM 的读操作是从内部 ROM 开始的，并可延至外部 ROM。

RST：复位信号，当复位信号延续两个机器周期以上为高电平时即为有效，用以完成单片机的复位初始化操作。

XTAL1 和 XTAL2：外接晶体引线端，当使用芯片内部时钟时，两个引线端用于外接石英晶体和微调电容；当使用外部时钟时，用于接外部时钟脉冲信号。

Vss：地线。

VCC：+5V 电源。

P3 口线的第二功能如表 10-1 所示，这些特殊功能我们将在以后的实验中进行学习。

表 10-1 P3 口线的第二功能

口线	第二功能	信号名称
P3.0	RXD	串行数据接收
P3.1	TXD	串行数据发送
P3.2	$\overline{INT0}$	外部中断 0 申请
P3.3	$\overline{INT1}$	外部中断 1 申请
P3.4	T0	定时器/计数器 0 计数输入
P3.5	T1	定时器/计数器 1 计数输入
P3.6	$\overline{WR}$	外部 RAM 写选通
P3.7	$\overline{RD}$	外部 RAM 读选通

2．振荡电路、时钟电路和 CPU 时序

（1）振荡电路、时钟电路。外部时钟振荡电路由晶体振荡器和电容 C1、C2 构成并联谐振电路，连接在 XTAL1、XTAL2 引脚两端。对外部 C1、C2 的取值虽然没有严格的要求，但电容的大小会影响到振荡器频率的高低、振荡器的稳定性、起振的快速性。C1、C2 通常取值约为 30pF；8051 的晶振最高振荡频率为 12MHz，AT89C51 的外部晶振最高频率可达 24MHz。在单片机最小系统模块上已经提供了晶振电路，晶振频率为 11.0592MHz。

（2）CPU 时序。晶振（或外部时钟）的振荡频率一旦确定，就确定了 CPU 的工作时序。这里介绍几个重要的时序概念，在以后的实验中会经常涉及。

① 振荡周期：是指为单片机提供定时信号的振荡器的周期。

② 时钟周期：其值是振荡周期的两倍，周期的前面部分通常用来完成算术逻辑操作；后面部分用来完成内部寄存器和寄存器间的传输。

③ 机器周期：在 8051 单片机中，一个机器周期由 12 个振荡周期组成。

④ 指令周期：是指执行一条指令所占用的全部时间。一个指令周期通常含有 1～4 个机器周期。机器周期和指令周期是两个很重要的衡量单片机工作速度的值。

STC89C52 最小系统电路原理图如图 10-2 所示。

3．存储器、特殊功能寄存器及位地址

51 单片机的存储器包括 5 部分：程序存储器、内部数据存储器、特殊功能寄存器、位地址空间、外部数据存储器。其中位地址空间、特殊功能寄存器包括在内部数据存储器内。

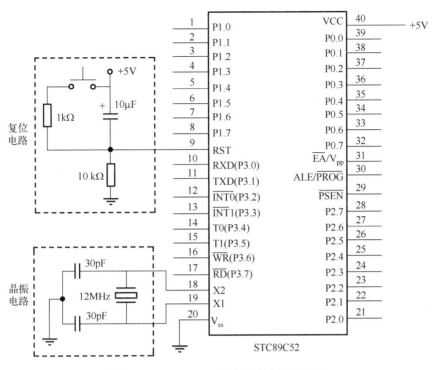

图 10-2　STC89C52 最小系统电路原理图

51 单片机的内部数据存储器一般只有 128 字节或 256 字节，当空间不足时，需要扩展外部数据存储器。有些单片机不具有内部程序存储器，如 8031，这时就需要扩展外部程序存储器。在单片机系统中，程序存储器和外部数据存储器的编址是独立的，分别可以寻址 64KB 空间。两者在电路上，可以通过 $\overline{PSEN}$ 信号线进行区分。

特殊功能寄存器是非常重要的部分，我们通过对特殊功能寄存器的设置和读写来完成单片机的大部分工作。

4．51 单片机内部资源

51 单片机内部资源概览表如表 10-2 所示。

表 10-2　51 单片机内部资源概览表

芯片种类	片内存储器		中断源	定时/计数器	串行口	耗电	制造工艺
	ROM/EPROM	RAM					
8051	4K	128	5	2	1	125mA	HMOS
8052	8K	256	6	3	1	100mA	HMOS

表 10-2 列出的是 Intel 8051、8052 的主要资源配置。由于 8 位 51 单片机的广泛使用，因此各个芯片生产厂商推出了具有自身特色的采用 51 内核的单片机，它们在这些基本资源的基础上进行了进一步的裁减或增强。

五、实验步骤

（1）将系统板上的 P3.3 连至 $\overline{SP1}$ 脉冲，将 PI.0～P1.7（JU2）用 8 芯线连至 JL（L0～L7）。要求每按一次按钮，产生一个 $\overline{SP1}$ 脉冲，D0～D7 发光二极管按十六进制数加 1 的方式点亮。

说明：每按一次按钮，输出一个负脉冲，而 D0～D7 为带驱动的 8 路发光二极管，高电平点亮，低电平熄灭。L0～L7 为引出插孔，JL 为引出插座。

（2）实验示例程序如下。

```c
#include <reg51.h>
#define uchar unsigned char
#define uint unsigned int
sbit k1 = P3^3;
void delay(uint x)
{
        uint i,j;
        for(i=x;i>0;i--)
        for(j=110;j>0;j--);
}

void main()
{
    while(1)
    {
        if(k1==0)
        {
            delay(10);        //去抖延时
            if(k1==0)  P1=P1+1;
            while(k1==0);        //松开按钮
        }
    }
}
```

（3）在 μVision4 IDE 集成开发环境中编写单片机程序，然后进行程序编译，排除所有的错误，直到编译成功（具体内容参考 9.1 节）。

（4）编译成功后，通过 ISP 将*.hex 文件下载到 STC 单片机芯片中，观察实验现象（具体内容参考 9.3.2 节）。

（5）将在 μVision4 IDE 软件中生成的*.hex 文件下载到 Proteus 仿真电路图中的单片机芯片中，观察实验现象，实验仿真电路如图 10-3 所示。

本实验选取的元器件如下。

① 单片机：AT89C51。

② 电阻：RES。

③ 开关：BUTTON。

④ 瓷片电容：CAP。

⑤ 电解电容：CAP-ELEC。

⑥ 黄色发光二极管：LED-YELLOW。

⑦ 晶振：CRYSTAL。

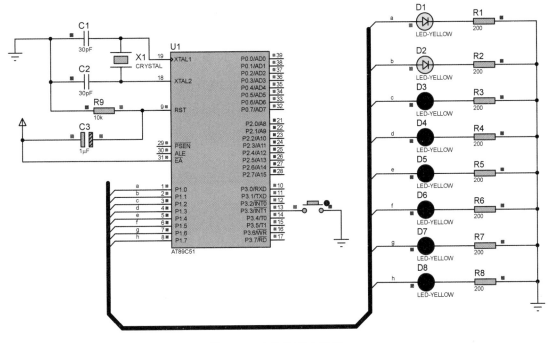

图 10-3　实验仿真电路图

六、思考题

（1）时钟周期与机器周期的关系是什么？当单片机外部晶振为 12MHz 时，机器周期为多少？当外部晶振为 6MHz 时，机器周期为多少？

（2）程序中是如何实现软件去抖的？松开按钮是本实验程序中的哪一条语句？去掉这条语句对结果有什么影响？

实验二　数码管动态扫描显示实验

一、实验目的

（1）学习和理解数码管动态扫描的工作原理。

（2）学习和掌握数码管动态扫描的电路接口设计及程序设计。

二、实验设备

（1）USB 连接线。

（2）单片机最小系统教学实验模块。

（3）数码管动态显示模块。

三、实验要求

（1）使 8 位数码管动态显示"0 1 2 3 4 5 6 7"。

（2）使 8 位数码管动态显示当前日期，如"2 0 2 1 0 6 2 7"。

（3）用 Proteus 仿真软件画出实验仿真电路图，将在 μVision4 IDE 软件中生成的*.hex 文件下载到 Proteus 仿真电路图中的单片机芯片中，观察实验现象。

四、实验原理

1．8 位数码管显示原理

数码管中的每段都相当于一个发光二极管，8 位数码管则具有 8 个发光二极管。对于共阳极数码管，其内部每个发光二极管的阳极都被连接在一起，成为该各段的公共选通线；发光二极管的阴极则成为段选线。对于共阴极数码管，则正好相反，内部发光二极管的阴极接在一起，阳极成为段选线。这两种数码管的驱动方式是不同的。当需要点亮共阳极数码管的一段时，公共选通线需接高电平（写逻辑 1），该段的段选线接低电平（写逻辑 0），从而该段被点亮。当需要点亮共阴极数码管的一段时，公共选通线需接低电平（写逻辑 0），该段的段选线接高电平（写逻辑 1），该段被点亮。

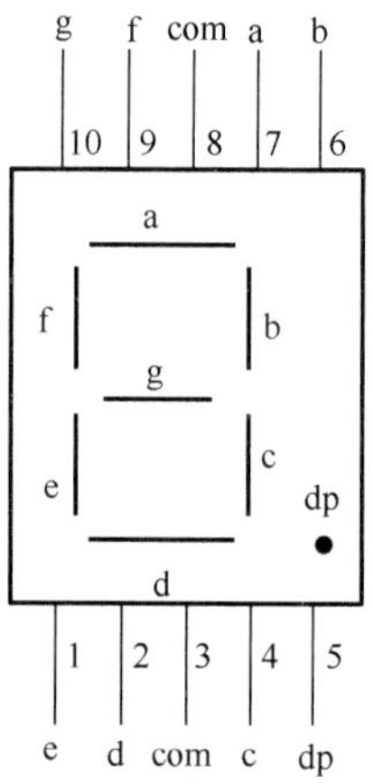

单个数码管的各段顺序如图 10-4 所示。

一般来说，在 1 字节中按照 dp、g、f、e、d、c、

图 10-4　单个数码管的各段顺序

b、a 的顺序放置字形码，例如，若要在一个共阴极数码管上显示"1"，则 b、c 段需要被点亮，因此在段选线中写入 06H。又如，若使用 P0 口接段选线，则使用下面的语句即可点亮数码管：

```
P0=0x06;
```

2．多位数码管的显示

在多位数码管显示时，为了简化硬件电路，通常将所有位的段选线相应地并联在一起，由一个单片机的 8 位 I/O 口控制，形成段选线的多路复用。而各位数码管的共阳极或共阴极分别由单片机独立的 I/O 口线控制，顺序循环地点亮每位数码管，这样的数码

管驱动方式就称为动态扫描。在这种方式中，虽然每一时刻只选通一位数码管，但由于人眼具有一定的视觉暂留，只要延时时间设置恰当，便会看到多位数码管同时被点亮。

8 位数码管的电路原理图如图 10-5 所示。

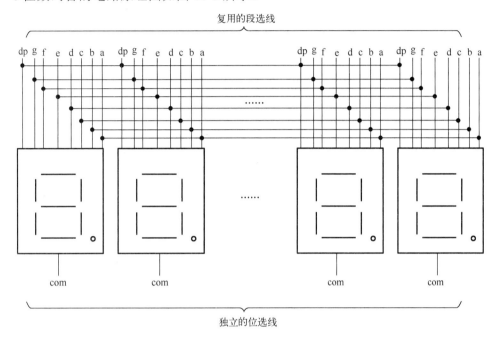

图 10-5　8 位数码管的电路原理图

其中，段选线占用一个 8 位 I/O 口，位选线占用一个 8 位 I/O 口，由于各位的段选线并联，段选线的输出对于各位来说都是相同的。因此，在同一时刻，若各位位选线都处于选通状态，则 8 位数码管将显示相同的字符。若要求各位数码管都能够显示出与本位相应的显示字符，就必须采用扫描显示方式，即在某一位的位选线处于选通状态时，其他各位的位选线处于关闭状态，这样，8 位数码管中只有选通的那一位显示字符，而其他则不显示。同样，在下一时刻，只让下一位的位选线处于选通状态，而其他的位选线均处于关闭状态。如此循环下去，就可以使各位"同时"显示出将要显示的字符。由于人眼存在视觉暂留，因此只要每位显示间隔时间足够短，可造成多位同时亮的"假象"，达到准确显示的目的。

五、实验步骤

数码管、矩阵键盘和脉冲计数在同一块实验板上，实物图如图 10-6 所示。

8 位共阴极数码管动态扫描显示的电路原理图如图 10-7 所示，图中的三角形符号是加在位选线上的驱动，其驱动芯片是 74LS245，这样使数码管能够得到合适的亮度。数码管的位选是由 P2 口控制的，其驱动芯片也是 74LS245，第一个数码管（数码管方向是从左到右）的位选由 P2.0 控制，数码管的段选由 P0 口控制，P0.7～P0.0 分别连接数码管的 dp～a。

（1）按照图 10-6 和图 10-7，用导线正确连接动态扫描方式实验模块和单片机最小系统模块。

图 10-6　实物图

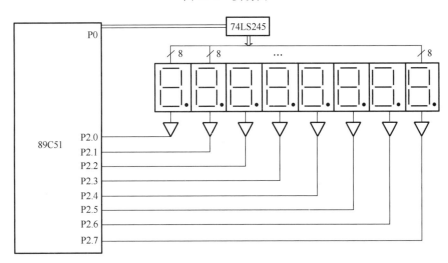

图 10-7　电路原理图

（2）根据实验要求（1），采用不同方法编写的两种程序如下。

示例程序一：

```c
#include "reg52.h"
#define uchar  unsigned char
#define uint   unsigned int
uchar i;
uchar Disp_Tab[16]=
 { 0x3f,0x06,0x5b,0x4f,0x66,0x6d,0x7d,0x07,0x7f,0x6f};//0～9的字符编码
 uchar Disp_Buf[8]={0,1,2,3,4,5,6,7};
void Delay(void);                       //声明延时函数
void main(void)
{
  while(1)
   {
```

```
        for(i=0;i<8;i++)
            {
                P2=0xff;                        //消隐
                P0=Disp_Tab[Disp_Buf[i]];       //送段码
                P2=~(0x01<<i);                  //送位码
            Delay();
            }
        }
}
void Delay(void)
{
    uint i,t;
    for(i=0;i<10;i++)
      for(t=0;t<10;t++);
}
```

示例程序二：

```
#include <reg51.h>
#include <intrins.h>
#define uchar unsigned char
#define uint unsigned int
uchar code table[]=
{ 0x3f,0x06,0x5b,0x4f,0x66,0x6d,0x7d,0x07,0x7f,0x6f};//0~9 的字符编码
void delay(uchar z);
void main()
{
    uchar i,m=0xfe;
    P0=0x00;                //关闭数码管的段选
    P2=0xff;                //关闭数码管的位选
    while(1)
    {
        for(i=0;i<8;i++)
        {
            P2=m;           //选通某个数码管的位选
            P0=table[i];    //将段码送给上面数码管的段码
          m=_crol_(m,1);
            delay(2);
        }
    }
}
```

将程序进行调试，直至达到实验要求，实验要求 2 由读者自行来完成。

（3）将在 μVision4 IDE 软件中生成的*.hex 文件下载到 Proteus 仿真电路图中的单片机芯片中，观察实验现象，实验仿真电路图如图 10-8 所示。

本实验选取的元器件如下：

① 单片机：AT89C52。

② 电阻：RES。

③ 排阻：RX8，RESPACK-8。

④ 瓷片电容：CAP。

⑤ 电解电容：CAP-ELEC。

⑥ 8 位共阴极数码管：7SEG-MPX8-CC-BLUE。

⑦ 晶振：CRYSTAL。

⑧ 驱动芯片：74LS245。

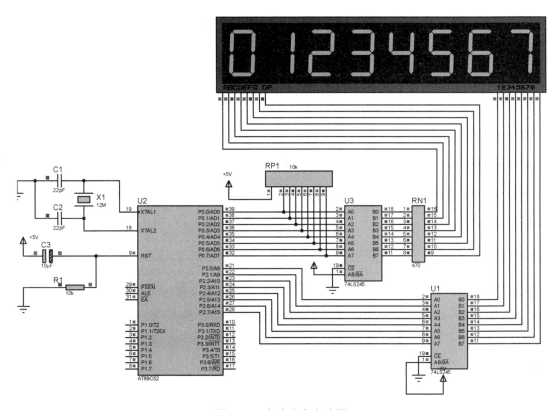

图 10-8　实验仿真电路图

六、思考题

（1）修改本实验程序，使 8 位数码管动态显示"７６５４３２１０"。

（2）如果将 8 位共阴极数码管换成 8 位共阳极数码管，那么电路原理图中要做哪些修改？程序中要做哪些修改？请给出 8 位共阳极数码管动态扫描显示的电路原理图和程序清单。

实验三　中断优先级控制及中断保护实验

一、实验目的

（1）掌握单片机的中断机制。

（2）熟悉中断的应用和编程。

二、实验设备

（1）USB 连接线。

（2）单片机最小系统教学实验模块。

（3）通用系统板上 2 路单脉冲和开关量输入显示。

（4）2 路正负单脉冲（手动）。

三、实验要求

（1）连接单片机最小系统模块和通用系统板上开关量输入显示电路并编写程序，学习单片机的中断机制、中断优先级和中断保护的方法。

（2）将手动单脉冲 $\overline{SP1}$ 连接 INT0（P3.2），手动单脉冲 $\overline{SP2}$ 连接 INT1（P3.3），单片机 P2 口连接 8 个发光二极管，单片机的电源+5V 与地线相连。

要求：在平时状态下，发光二极管以 200ms 的时间间隔，依次点亮。在发生 INT1 中断时，半数发光二极管点亮，半数发光二极管熄灭；在发生 INT0 中断时，所有发光二极管全灭。并且，INT0 中断为高优先级，INT1 中断为低优先级。

（3）将手动单脉冲 $\overline{SP1}$ 连接 INT0（P3.2），手动单脉冲 $\overline{SP2}$ 连接 INT1（P3.3），单片机 P2 口连接 8 个发光二极管，单片机的电源+5V 与地相连。

要求：在平时状态下，发光二极管以 200ms 的时间间隔，依次点亮。当单脉冲 $\overline{SP1}$ 按下时，INT0 中断处理程序点亮 P2.0 对应的发光二极管，发光时长为 2s，其他发光二极管熄灭；当单脉冲 $\overline{SP2}$ 按下时，INT1 中断处理程序点亮 P2.1 对应的发光二极管，发光时长为 2s，其他发光二极管熄灭。并且，INT0 中断为低优先级，INT1 中断为高优先级。

（4）用 Proteus 仿真软件画出实验仿真电路图，并将在 μVision4 IDE 软件中生成的 *.hex 文件下载到 Proteus 仿真电路图的单片机芯片中，观察实验现象。

四、实验原理

通常一个微处理器读取外围设备（如键盘等）的输入信息的方法有轮询（Polling）和中断（Interrupt）两种。轮询的方法是 CPU 按照某种既定原则，依次询问每个外围设备 I/O 是否需要服务，此种方法 CPU 需要花费一些时间来做询问服务，当 I/O 设备增加时，询问服务时间也相对变长，因此势必会浪费 CPU 的时间，进而降低系统整体运行的效率。针对以上问题，使用中断是一个较好的解决方法。中断使系统对外部设备的请求响应更加灵敏，并且不需要占用 CPU 的时间进行轮询。但是，当使用中断特别是有多个中断嵌套时，要特别注意内存单元内容的保护。

1．80C51 中断结构

当中断发生后，程序将跳转至对应中断入口地址去执行中断子程序，或称中断服务例程（Interrupt Service Routine），这些特殊的地址称为中断向量，例如，当 80C51 外部中断 INT1 发生时，会暂停主程序的执行，跳转至地址 0013H 去执行中断服务例程，直到执行 RETI 指令后，才会返回主程序继续执行。MCS-51 系列的程序内存中有 7 个矢量地址，分别叙述如下。

（1）00H 复位

当第 9 引脚 RESET 为高电平时，CPU 会跳转至地址 00H 处开始执行程序，即程序一定要从地址 00H 开始写。

（2）03H（外部中断 0）

当 INT0 引脚由高电位变为低电位时，CPU 会接收外部中断 0，并跳转至地址 03H 处去执行中断子程序。

（3）0BH（计时/计数器 0 中断）

当 CPU 接收计时/计数器 0 中断置位而产生中断请求时，CPU 会跳转至地址 0BH 处去执行中断子程序。

（4）13H（外部中断 1）

当 INT1 引脚由高电位变为低电位时，CPU 会接收外部中断 1，并跳转至地址 13H 处去执行中断子程序。

（5）1BH（计时/计数器 1 中断）

当 CPU 接收计时/计数器 1 中断置位而产生中断请求时，CPU 会跳转至地址 1BH 处去执行中断子程序。

（6）23H（串行中断 1）

当串行口传送数据或接收数据完毕时，CPU 会接收串行中断，并跳转至地址 23H 处去执行中断子程序。

（7）2BH（计时/计数器 2 中断）

当 CPU 接收计时/计数器 2 中断置位而产生中断请求时，会跳转至地址 2BH 处去执行中断子程序。注意，此中断仅 8052 系列单片机才有。

2．中断使能位

8051 中断提供两层使能：第一层为 EA 全局使能控制；第二层为分别控制 EX0、ET0、EX1、ET1、ES、ET2。当 8051 处在初始状态时，寄存器的各个中断使能位都被预设为"0"，即所有中断都被禁止，所以若要允许中断，则应先使能相应的中断。当中断产生后，此中断状态会记录于定时器/计数器控制寄存器（Timer/Counter Control Register，TCON）的中断请求标志（Interrupt Request Flag）中，当标志被设立时，表示中断已发生。由图 10-9 可知，当外部中断 0、外部中断 1 或定时器 0、定时器 1 的中断发生时，CPU 都可以对这些中断进行判别。因此，当这 4 个中断发生时，中断服务例程被执行后，CPU 会主动清除中断请求标志，对于其他中断，由于 CPU 无法判别，因此中断请求标志需由程序指令来清除。另外，在 TCON 中尚有两个位称为中断形式控制位，经由这两个位的设定，可以选择外部中断为负边缘触发或低电平触发。

若要设定是否进行中断使能，则必须规划位于特殊功能寄存器中的中断使能寄存器 IE（Interrupt Enable Register），其地址为 A8H。中断使能寄存器是一个可位寻址的寄存器。

3．中断保护

由于各个中断执行的起始地址空间仅有 8 个 bit，因此要在此空间内完成中断服务例程是有困难的。通常中断服务例程是置于主程序后面，而在中断向量地址中只书写跳转指令，跳转至相对应的中断服务例程去执行。当执行新的中断服务例程时，注意不可以破坏旧有的数据和状态，因此在编写程序时还要保存各个寄存器中的数据。通常可以利用堆栈，在执行中断服务例程前将会被更改的数据（如 ACC、PSW 等）入栈，待执行结束后再将相关寄存器出栈即可。另外，因为 8051 可任意选择 4 个寄存器库中的一组寄存器，所以利用选择不同寄存器库的方式也可达到保存数据的目的。

4．中断优先级

8051 对于各种中断优先权均采用双层结构，首先对于优先权，可由中断优先权寄存器（Interrupt Priority IP）设定该中断为高优先权或低优先权，高优先权的中断可以中断低优先权的中断，但是当中断的优先权相同时（都为高优先权或低优先权），则由内部的轮询顺序决定哪一个中断被接收。MCU 内部中断机制如图 10-9 所示。

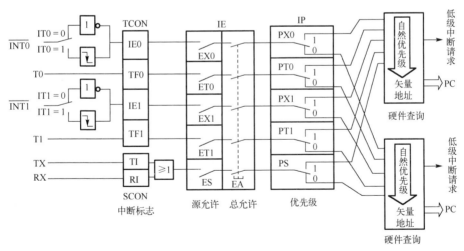

图 10-9 MCU 内部中断机制

IP 寄存器的控制字格式如下。

			PS	PT1	PX1	PT0	PX0

PX0，PX1：外部中断 0 和 1 的中断优先级控制；1→高优先级，0→低优先级。

PT0，PT1：定时器/计数器 0 和 1 的中断优先级控制。

PS：串行口的中断优先级控制。

当 IP 中对应位全为零时，CPU 按照片内硬件优先级来顺序响应中断，具体优先级顺序如下。

中断源

外部中断 0　　　　　　　　　　　　　　　　　　高

定时器/计数器 0

外部中断 1

定时器/计数器 1

串行口中断　　　　　　　　　　　　　　　　　　低

五、实验步骤

本实验将练习使用 INT0、INT1 中断，利用按键来触发外部中断的发生，并通过两个中断先后到达的方法来学习中断优先级的意义与控制。

1. 电路设计

本实验电路原理图如图 10-10 所示。

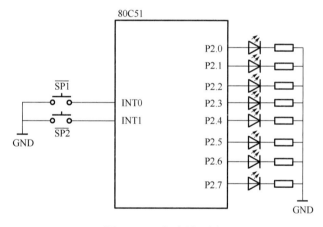

图 10-10　电路原理图

2. 程序设计

先按下 $\overline{SP1}$ 执行 INT0 中断子程序，在此中断子程序未结束前再按下 $\overline{SP2}$，或是先按下 $\overline{SP2}$ 执行 INT1 中断子程序，在此中断子程序未结束前再按下 $\overline{SP1}$，或两者同时按下，观察发光二极管亮灭的情况即可观察中断优先权执行的情形。编写并运行程序，观察实验结果是否符合理论分析的结果。

实验示例程序如下。

（1）根据实验要求 2，编写如下程序。

```
#include <reg51.h>
```

```c
#include <intrins.h>
#define uchar unsigned char
#define uint unsigned int
uchar i,j,aa;
void delay(uint z)
{
    uint x,y;
    for(x=z;x>0;x--)
        for(y=110;y>0;y--);
}
void init()
{
    IT0=1;        //INT0 边沿触发
    IT1=1;        //INT1 边沿触发
    EA=1;         //开总中断
    EX0=1;        //使能 INT0
    EX1=1;        //使能 INT1
    PX0=1;        //中断 0 优先
}
void main()
{
    init();
    aa=0x01;
    while(1)
    {
            P2=aa;
                delay(200);
                aa=_crol_(aa,1);     //aa 循环左移一位
    }
}
void int0() interrupt 0
{
    for(i=8;i>0;i--)
        {
                P2=0x00;                 //P2 口送出 00H，发光二极管熄灭，循环 8 次
                delay(500);

        }

}
void int1() interrupt 2
{
    for(j=8;j>0;j--)
        {
                P2=0x0f;                 //低 4 位点亮，高 4 位熄灭
                delay(500);
```

```
            P2=0xf0;                        //低 4 位熄灭，高 4 位点亮
            delay(500);
        }
}
```

（2）根据实验要求（3），编写如下程序。

```
#include <reg51.h>
#include <intrins.h>
#define uchar unsigned char
#define uint unsigned int
uchar aa,i,i;
void delay(uint z)
{
    uint x,y;
    for(x=z;x>0;x--)
    for(y=110;y>0;y--);
}
void init()
{
    IT0=1;                          //INT0 边沿触发
    IT1=1;                          //INT1 边沿触发
    EA=1;                           //开总中断
    EX0=1;                          //使能 INT0
    EX1=1;                          //使能 INT1
    PX1=1;                          //中断 1 优先
}
void main()
{
    init();
    aa=0x01;
    while(1)
    {
        P2=aa;
        delay(200);
        aa=_crol_(aa,1);            //aa 循环左移一位
    }
}

void int0() interrupt 0
{
    for(i=0;i<4;i++)
    {
        P2=0x01;                    //点亮 P2.0
        delay(500);
    }
}
```

```
void int1() interrupt 2
{
    for(j=0;j<4;j++)
    {
        P2=0x02;                           //点亮 P2.1
        delay(500);
    }
}
```

3．仿真电路图

将在 μVision4 IDE 软件中生成的*.hex 文件下载到 Proteus 仿真电路中的单片机芯片中，观察实验现象，实验仿真电路图如图 10-11 所示。

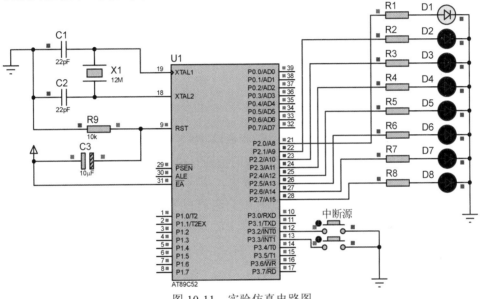

图 10-11　实验仿真电路图

本实验选取的元器件如下。

（1）单片机：AT89C52。

（2）电阻：RES。

（3）开关：BUTTON。

（4）瓷片电容：CAP。

（5）电解电容：CAP-ELEC。

（6）黄色发光二极管：LED-YELLOW。

（7）晶振：CRYSTAL

六、思考题

（1）要求编写中断初始化子程序实现外部中断 0 是高优先级，触发方式为电平触发方式。

（2）各中断源的硬件优先级的顺序是什么？哪个寄存器能够控制单片机中断源的优先级？是怎样控制的？

实验四　低频脉冲计数器实验

一、实验目的

（1）掌握定时器/计数器的工作原理。

（2）学习定时器/计数器的应用设计和程序调试。

二、实验设备

（1）USB 连接线。

（2）单片机最小系统教学实验模块。

（3）波形信号发生器或时钟源输出信号。

（4）数码管动态显示模块。

三、实验要求

（1）连接电路并编写程序，使定时器/计数器 T0 工作于定时模式，T1 工作于计数模式，即作为一个低频脉冲计数器，将信号源的值通过单片机在 1s 内对脉冲计数，要求在数码管上分别显示对应的频率值。

（2）用 Proteus 仿真软件画出实验仿真电路图，将在 μVision4 IDE 软件中生成的*.hex 文件下载到 Proteus 仿真电路图的单片机芯片中，观察实验现象。

四、实验原理

8051 单片机内部有两个 16 位可编程定时器/计数器，分别记为 T0 和 T1。8052 单片机内除了 T0 和 T1，还有第三个 16 位可编程定时器/计数器，记为 T2。T0 和 T1 的工作方式可以由指令编程来设定，或用作定时器，或用作外部事件计数器。

T0 由特殊功能寄存器 TL0 和 TH0 组成，T1 由特殊功能寄存器 TL1 和 TH1 组成。定时器的工作方式由特殊功能寄存器 TMOD 编程决定，定时器的运行由特殊功能寄存器 TCON 编程控制。

当 T0 和 T1 均用作定时器时，若到达定时的时间，则产生一个定时器中断，CPU 转向中断处理程序，从而完成某种定时控制功能；当 T0 和 T1 均用作计数器时，也可以申请中断。当 T0 和 T1 均用作定时器时，时钟由单片机内部系统时钟提供；当 T0 和 T1 均用作计数器时，外部计数脉冲由 P3 口的 P3.4（或 P3.5）即 T0（或 T1）引脚输入。

特殊功能寄存器 TMOD 的控制字格式如下。

7	6	5	4	3	2	1	0
GATE	C/$\overline{\text{T}}$	M1	M0	GATE	C/$\overline{\text{T}}$	M1	M0
_____	_____	T1	_____	/ _____	____	T0	_____/

低 4 位为 T0 的控制字，高 4 位为 T1 的控制字。GATE 为门控位，对定时器/计数器的启动起辅助控制作用。当 GATE=1 时，定时器/计数器的计数受外部引脚输入电平的控制。此时只有 P3 口的 P3.2（或 P3.3）引脚 INT0（或 INT1）为 1 才能启动计数；当 GATE=0 时，定时器/计数器的运行不受外部输入引脚的控制。

$C/\overline{T}$ 为方式选择位。当 $C/\overline{T}=0$ 时，为定时器方式，采用单片机内部振荡脉冲的 12 分频信号作为时钟计时脉冲，若采用 12MHz 的振荡器，则定时器的计数频率为 1MHz，从定时器的计数值便可求得定时的时间。

$C/\overline{T}$ 为计数器方式。采用外部引脚（T0 为 P3.4，T1 为 P3.5）的输入脉冲作为计数脉冲，当 T0（或 T1）输入信号发生从高到低的负跳变时，计数器加 1。最高计数频率为单片机时钟频率的 1/24。

M1 和 M0 两位的状态确定了，定时器/计数器的工作方式，如表 10-3 所示。

表 10-3　定时器/计数器的工作方式

MI	M0	功能说明
0	0	方式 0，为 13 位定时器/计数器
0	1	方式 1，为 16 位的定时器/计数器
1	0	方式 2，为常数自动重新装入的 8 位定时器/计数器
1	1	方式 3，仅适用于 T0，分为两个 8 位计数器

表 10.3 中的方式 0 与方式 1 的差别是定时器/计数器的位数，前者为 13 位，后者为 16 位。定时器内部结构逻辑图如图 10-12 所示。

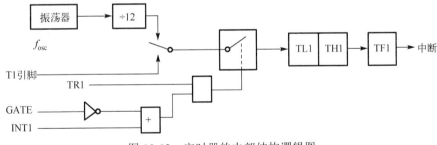

图 10-12　定时器的内部结构逻辑图

五、实验步骤

1．电路设计

低频脉冲计数器的参考电路示意图如图 10-13 所示。

2．程序设计

按照实验要求，采用不同方法编写的两种示例程序如下。其中，晶振频率 $f$osc=11.0592MHz。

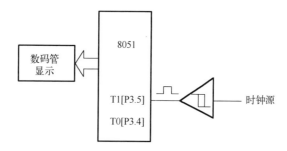

图 10-13　低频脉冲计数器的参考电路示意图

示例程序一：

```c
#include "reg52.h"
#define  uchar  unsigned char
#define  uint   unsigned  int
uint i;
uint Num;
uint Disp_Time;
uchar Disp_Tab[17]={0x3f,0x06,0x5b,0x4f,0x66,0x6d,0x7d,0x07,
                    0x7f,0x6f,0x77,0x7c,0x39,0x5e,0x79,0x71,0x00};
uchar Disp_Buf[8];                //显示缓存
/**************************************************
                主函数
**************************************************/
void main(void)
{
    TMOD=0x52;                    //T1 的 P3.5 口计数，T0 定时扫描发光二极管
    TH0=0;
    TL0=0;
    TH1=0;
    TL1=0;
    TR0=1;TR1=1;
    ET0=1;EA=1;
    Disp_Time=0;
    Num=0;
  while(1)
    {
      for(i=0;i<100;i++);        //延时
        Disp_Buf[0]=16;
        Disp_Buf[1]=16;
        Disp_Buf[2]=16;
        Disp_Buf[3]=16;
        Disp_Buf[4]= Num/1000;
    Disp_Buf[5]=(Num%1000)/100;
    Disp_Buf[6]=(Num%100)/10;
    Disp_Buf[7]= Num%10;
```

```
        }
    }
/*******************************************************
                    T0 中断函数
*******************************************************/
void Int_T0() interrupt 1
{
    P2=0xff;                                    //消隐
    P0=Disp_Tab[Disp_Buf[Disp_Time%8]];         //送段码
    P2=~(0x01<<(Disp_Time%8));                  //送位码
    Disp_Time++;
    if(Disp_Time>3597)
    {
        Disp_Time=0;
        Num=TH1*256+TL1;
        TH1=0;
        TL1=0;
    }
}
```

示例程序二:

```
#include <reg51.h>
#define uchar unsigned char
#define uint unsigned int
uchar table[]={0x3f,0x06,0x5b,0x4f,0x66,0x6d,0x7d,0x07,0x7f,0x6f};
                                            //0~9 的字符编码
uchar timecount;
unsigned long count;
uchar b1,b2,b3,b4,b5,b6,b7,b8;
void display(unsigned long count);          //显示子程序
void delay(uint z);                         //延时子程序
void main(void)
{
    count=0;                                //计数脉冲赋初值 0
    TMOD=0x51;      //给 TOMD 送方式控制字,使 T1 为计数方式,T0 为定时方式
    TH0=(65536-46080)/256;
    TL0=(65536-46080)%256;
    TH1=0;
    TL1=0;
    ET0=1;
    ET1=1;
    EA=1;
    TR0=1;
    TR1=1;
    while(1)
```

```
                  {
                      if(timecount==20)
                          {
                              timecount=0;
                              count=TH1*256+TL1;              //计算脉冲个数
                              TH1=0;
                              TL1=0;
                          }
                      display(count);
                  }

    }
    void delay(uint z)
    {
        uint x,y;
        for(x=z;x>0;x--)
            for(y=110;y>0;y--);
    }
    void display(unsigned long a)
    {
        b1=a%10;                //计算 b1 位
        a=a/10;
        b2=a%10;                //计算 b2 位
        a=a/10;
        b3=a%10;                //计算 b3 位
        b4=a/10;                //计算 b4 位
        P2=0x7f;                //送入右边第 1 位数码管位选信号，显示数字
        P0=table[b1];           //送入右边第 1 位数码管段选信号
        delay(1);
        P2=0xbf;                //送入右边第 2 位数码管位选信号，显示数字
        P0=table[b2];           //送入右边第 2 位数码管段选信号
        delay(1);
        P2=0xdf;                //送入右边第 3 位数码管位选信号，显示数字
        P0=table[b3];           //送入右边第 3 位数码管段选信号
        delay(1);
        P2=0xef;                //送入右边第 4 位数码管位选信号，显示数字
        P0=table[b4];           //送入右边第 4 位数码管段选信号
        delay(1);
    }
    void t1 () interrupt 1      //中断服务函数
    {
        TH0=(65536-46080)/256;
        TL0=(65536-46080)%256;
        timecount++;
    }
```

3. 仿真电路图

将在 μVision4 IDE 软件中生成的*.hex 文件下载到 Proteus 仿真电路图的单片机芯片中，观察实验现象，实验仿真电路图如图 10-14 所示。

本实验选取的元器件如下。

（1）单片机：AT89C52。

（2）电阻：RES。

（3）排阻：RX8，RESPACK-8。

（4）瓷片电容：CAP。

（5）电解电容：CAP-ELEC。

（6）8 位共阴极数码管：7SEG-MPX8-CC-BLUE。

（7）晶振：CRYSTAL。

（8）驱动芯片：74LS245。

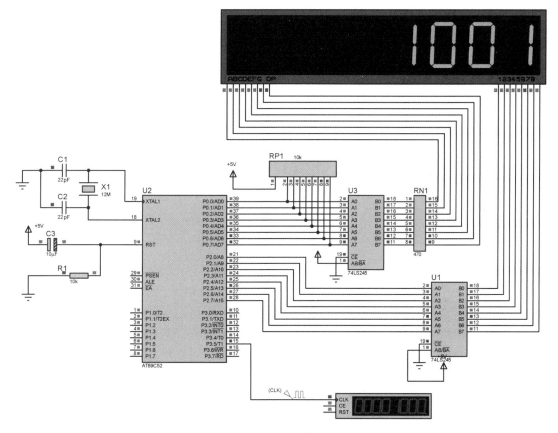

图 10-14　实验仿真电路图

输入计数频率为 1000Hz，在数码管上显示的是 1001（百分误差小于 0.005）。

（1）虚拟检测仪器的设置

单击工具栏上的按钮，然后在对象选择器中选择"COUNTER TIMER"（计数/定时器）选项，如图 10-15 所示，打开其属性对话框，单击运行模式下的下拉菜单，如图 10-16 所示，可选择计时、频率、计数模式，当前设置为频率计数工作方式。

（2）数字时钟的设置

单击  按钮，在对象选择器中选择"DCLOCK"（数字时钟）选项。在需要添加信号的终端单击即可完成添加 DCLOCK 输入信号。在"Frequency"文本框中输入 1000，即设置当前频率值为 1000Hz，如图 10-17 所示。

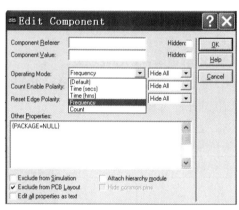

图 10-15　计数/定时器　　　　　　图 10-16　"计数/定时器的属性"对话框

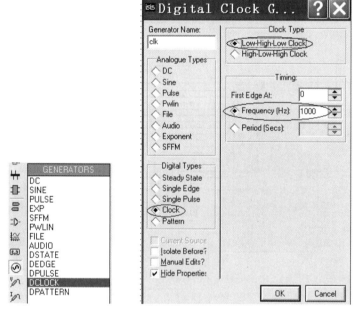

图 10-17　数字时钟的选择和设置

六、思考题

（1）请说明示例程序一与示例程序二的主要区别。

（2）如果把 T1 设置为定时方式，T0 设置为计数方式，那么该如何修改示例程序？

实验五　步进电机驱动实验

一、实验目的

（1）了解步进电机的工作原理。

（2）掌握步进电机与单片机的接口电路设计和程序设计。

二、实验设备

（1）USB 连接线。

（2）单片机最小系统教学实验模块。

（3）步进电机实验模块。

三、实验要求

（1）要求采用 4 相 8 拍的工作方式通过按键控制步进电机的正转、反转和停止。

（2）用 Proteus 仿真软件画出实验电路图，将在 μVision4 IDE 软件中生成的*.hex 文件下载到 Proteus 仿真电路图中的单片机芯片中，观察实验现象。

四、实验原理

通过给相应磁极加脉冲的方式对步进电机的旋转角度和转动速度进行高精度的控制。利用单片机控制步进电机，其特点是接口电路简单、控制灵活、有比较广泛的应用。

1．步进电机的控制

实验装置采用步进电机为 4 相 6 线制混合型步进电机，电源为直流电源+5V。通过单片机口线按顺序给 A、B、C、D 绕组施加有序的脉冲直流，就可以控制电机的转动，从而完成了从数字到角度的转换。转动的角度大小与施加的脉冲数成正比，转动的速度与脉冲频率成正比，而转动方向则与脉冲的顺序有关。

2．步进电机的驱动电路

ULN2003 是一个大电流驱动器，是达林顿管阵列电路，可输出 500mA 电流，可以起到电路隔离的作用，各输出端与 COM 间接有起保护作用的反相二极管。步进电机与单片机的接口电路原理图如图 10-18 所示。

3．步进电机的工作方式

4 相步进电机的工作方式分为以下三种。

（1）单相 4 拍工作方式：电机控制绕组 A、B、C、D 相的正转通电顺序为 A→B→C→D→A；反转的通电顺序为 A→D→C→B→A。

（2）4 相 8 拍工作方式：正转绕组的通电顺序为 A→AB→B→BC→C→CD→D→DA；反转绕组的通电顺序为 DA→D→DC→C→CB→B→BA→A。

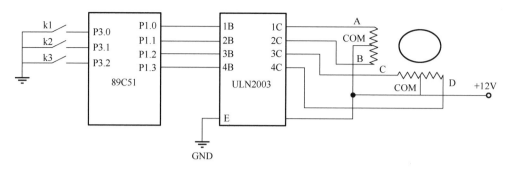

图 10-18　步进电机与单片机的接口电路

（3）双 4 拍的工作方式：正转绕组通电顺序为 AB→BC→CD→DA；反转绕组通电顺序为 AD→CD→BC→AB。

对于图 10-18，若要使步进电机工作在 4 相 8 拍工作方式下正转，则应依次给 P1 口送 01H→03H→02H→06H→04H→0CH→08H→09H，反转则依次送 09H→08H→0CH→04H→06H→02H→03H→01H。

五、实验步骤

（1）按照图 10-18，用导线正确连接步进电机实验模块、按键模块和单片机最小系统模块。

（2）示例程序如下，步进电机的步距角为 9°。

```
#include <reg51.h>
#define uint unsigned int
#define uchar unsigned char
uchar code FFW[]={0x01,0x03,0x02,0x06,0x04,0x0c,0x08,0x09};
                                        //正转的控制字
uchar code REV[]={0x09,0x08,0x0c,0x04,0x06,0x02,0x03,0x01};
                                        //反转的控制字

sbit K1 = P3^0;
sbit K2 = P3^1;
sbit K3 = P3^2;
void DelayMS(uint ms)
{
    uchar i;
    while(ms--)
    {
        for(i=0;i<120;i++);
    }
}
void SETP_MOTOR_FFW(uchar n)
{
    uchar i,j;
    for(i=0;i<5*n;i++)
    {
        for(j=0;j<8;j++)
```

```
            {
                if(K3==0)  break;
                P1 = FFW[j];
                DelayMS(25);
            }
        }
    }
}
void SETP_MOTOR_REV(uchar n)
{
    uchar i,j;
    for(i=0;i<5*n;i++)
    {
        for(j=0;j<8;j++)
        {
            if(K3==0)  break;
            P1 = REV[j];
            DelayMS(25);
        }
    }
}
void main()
{
    uchar N = 3;
    while(1)
    {
        if(K1== 0)
        {
            SETP_MOTOR_FFW(N);
            if(K3== 0) break;
        }
        else if(K2== 0)
        {
            SETP_MOTOR_REV(N);
            if(K3== 0) break;
        }
        else
        {
            P0 = 0xfb;
            P1 = 0x03;
        }
    }
}
```

（3）将在 µVision4 IDE 软件中生成的*.hex 文件下载到 Proteus 仿真电路图的单片机
芯片中，观察实验现象，实验仿真电路图如图 10-19 所示。

本实验选取的元器件如下。

① 单片机：AT89C52。

② 电阻：RES。

③ 开关：BUTTON。

④ 瓷片电容：CAP。

⑤ 电解电容：CAP-ELEC。

⑥ 步进电机：MOTOR-STEPPER。

⑦ 晶振：CRYSTAL。

⑧ 达林顿管：ULN2003A。

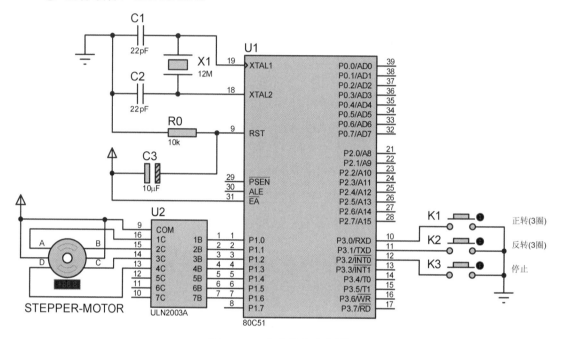

图 10-19　实验仿真电路图

六、思考题

（1）如果要求步进电机转 10 圈后停止转动，那么该如何修改程序？

（2）如果要求分别采用单相 4 拍工作方式、双相 4 拍工作方式，那么该如何修改程序？

（3）如何调整步进电机的转速？

实验六　矩阵式键盘输入实验

一、实验目的

（1）了解矩阵式键盘的工作原理。

（2）掌握矩阵式接口的电路设计和程序设计。

二、实验设备

（1）USB 连接线。

（2）单片机最小系统教学实验模块。

（3）矩阵式键盘实验模块。

（4）数码管显示模块。

三、实验要求

（1）当矩阵式键盘中的某个按键被按下时，8 位数码管上的低 2 位显示该按键对应的数字（0~15 对应键盘的 K1~K16）。

（2）在矩阵式键盘中的某个按键被按下时，8 位数码管上的最低位显示该按键对应的字符，以前的字符向高位推进 1 位（类似于计算器）。

（3）用 Proteus 仿真软件画出实验仿真电路图，将在 μVision4 IDE 软件中生成的*.hex文件下载到 Proteus 仿真电路图的单片机芯片中，观察实验现象。

四、实验原理

矩阵式键盘由行线和列线组成，按键位于行线和列线的交叉点上。如图 10-20 所示，一个 4×4 的行、列结构可以构成一个 16 个按键的键盘。很明显，在按键数量较多的场合，矩阵式键盘与独立式键盘相比，要节省很多的 I/O 口。

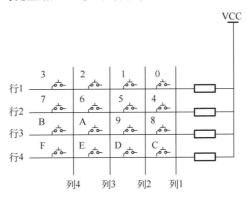

图 10-20　矩阵式键盘结构

1．矩阵式键盘的工作原理

按键设置在行线和列线的交叉点上，行线、列线分别连接到按键开关的两端。行线通过上拉电阻接到 VCC 上。平时当没有按键动作时，行线处于高电平状态，而当有按键按下时，列线处于低电平状态，行线也处于低电平状态。这一点是识别按键是否被按下的关键所在。这样各按键彼此间会相互发生影响，所以必须将行线和列线的信号配合起来并进行适当的处理，才能确定按键按下的位置。

2．按键识别方法

下面以图 10-21 中的按键 A 被按下为例，说明如何识别被按下的按键是按键 A。

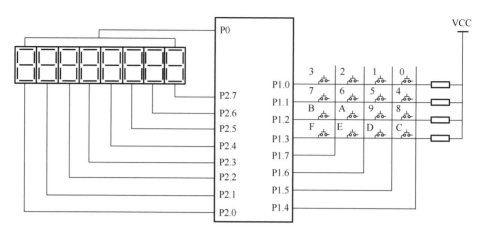

图 10-21　实验硬件连线图

前已述及，当按键被按下时，与此按键相连的行线电平将由与此键相连的列线电平决定，而行线电平在无按键按下时，处于高电平状态。若让所有列线均处于高电平状态，则按键按下与否不会引起行线电平的状态变化，行线始终是高电平状态。所以，让所有列线均处于高电平状态是无法识别出按键是否被按下的。现在反过来，让所有列线均处于低电平状态，很明显，按下的按键所在行线的电平也将被置为低电平，根据此变化，便能判定该行一定有按键被按下，但还是不能确定是这一行的哪个按键被按下。所以，为了进一步判定到底是哪一列的按键被按下，需要在某一时刻只让一条列线处于低电平状态，而其他所有列线均处于高电平状态。当第 1 列列线处于低电平状态，其他各列线均处于高电平状态时，因为是按键 A 被按下，所以所有行线仍处于高电平状态；当第 2 列列线处于低电平状态，其他各列线均处于高电平状态时，同样我们会发现所有行线仍处于高电平状态；当第 3 列列线处于低电平状态，其他各列列线均处于高电平状态时，因为是按键 A 被按下，所以第 3 行行线出现低电平，据此，确定第 3 行与第 3 列交叉点处的按键 A 被按下。

根据上面的分析，很容易得出矩阵式键盘按键的识别方法，此方法分两步进行。第一步，识别键盘有无按键被按下；第二步，若有按键被按下，则识别出具体的按键。具体描述如下。

识别键盘有无按键被按下的方法是：让所有列线均处于低电平状态，检查各行线电平是否有低电平，若有，则说明有按键被按下；若没有，则说明没有按键被按下（在实际编程时应考虑按键抖动的影响，通常总是采用软件延时的方法进行消抖处理）。

识别具体按键的方法（也称扫描法）是：将列线逐列置为低电平，并检查各行线电平的变化，若某行线由高电平变为低电平，则可确定此行此列交叉点处的按键被按下。

五、实验步骤

（1）按照图 10-21，用导线将矩阵式键盘、数码管模块和单片机最小系统模块连接正确。

（2）本实验的示例程序如下。

根据实验要求（1），编写如下示例程序。

```c
#include <reg51.h>
#include <intrins.h>
#define uchar unsigned char
#define uint  unsigned int
uchar Key_Num,Temp;
uint  Disp_Time;
uchar Disp_Tab[17]={0x3f,0x06,0x5b,0x4f,0x66,0x6d,0x7d,0x07,
                    0x7f,0x6f,0x77,0x7c,0x39,0x5e,0x79,0x71,0x00};
uchar Disp_Buf[8]={16,16,16,16,16,16,16,16};        //显示缓存
void   DelayMs(uint x);                             //延时子程序
uchar  Key_Scan(void);                              //键盘有无按键扫描
uchar  Key_Read(void);                              //键盘扫描子程序
void main(void)
{
    TMOD=0x02;
    TH0=0;
    TL0=0;
    TR0=1;
    ET0=1;EA=1;
    Disp_Time=0;
  while(1)
    {
        if(Key_Scan()>0)                            //有按键按下
            {
                Temp=Key_Read();                    //读按键值
            if(Temp<16)      Key_Num=Temp;          //过滤掉按键抖动
            }
        Disp_Buf[6]= Key_Num/10;
        Disp_Buf[7]= Key_Num%10;
    } //while(1) end
} //main() end
/*************************************************
                T0 中断函数
*************************************************/
void Int_T0() interrupt 1
{
    P2=0xff;                                        //消隐
    P0=Disp_Tab[Disp_Buf[Disp_Time%8]];            //送段码
    P2=~(0x01<<(Disp_Time%8));                      //送位码
    Disp_Time++;
}
/*******************************
        延时函数
```

```
    *******************************/
    void DelayMs(uint x)                            //延时子程序
    {
        uchar t;
        while(x--)  for(t=0;t<120;t++);
    }
/***************************************
            键盘有无按键扫描
    返回值： 16      为抖动
            0~15   为键值
*******************************/
uchar  Key_Read(void)                            //键盘扫描子程序
    {
        uchar Num=16;    //没有找到被按下的按键,若是按键抖动,则返回16
        P1=0xfe;
        if(P1= =0xee)          Num=0;
         else if(P1= =0xde) Num=1;
         else if(P1= =0xbe) Num=2;
         else if(P1= =0x7e) Num=3;
        P1=0xfd;
        if(P1= =0xed)          Num=4;
         else if(P1= =0xdd) Num=5;
         else if(P1= =0xbd) Num=6;
         else if(P1= =0x7d) Num=7;
        P1=0xfb;
        if(P1= =0xeb)          Num=8;
         else if(P1= =0xdb) Num=9;
         else if(P1= =0xbb) Num=10;
         else if(P1= =0x7b) Num=11;
        P1=0xf7;
        if(P1= =0xe7)          Num=12;
         else if(P1= =0xd7) Num=13;
         else if(P1= =0xb7) Num=14;
         else if(P1= =0x77) Num=15;
        return Num;
    }
/***************************************
            键盘有无按键扫描
    返回值：0 为无按键按下
            1 为有按键按下
*******************************/
uchar Key_Scan(void)
    {
      uchar Key_Num;
        P1=0xf0;
        if((P1&0xf0)= =0xf0)
```

```
    {
        Key_Num=0;                                  //按键无按键按下，返回0
    }
    else
    {
        DelayMs(20);
        if((P1&0xf0)= =0xf0) Key_Num=0;     //按键抖动，返回0
        else               Key_Num=1;          //有按键按下，返回1
    }
    return Key_Num;
}
```

根据实验要求（2），编写如下两种实例程序。

示例程序一：

```
#include <reg51.h>
#include <intrins.h>
#define uchar unsigned char
#define uint  unsigned int
uchar i,Key_Num,Temp;
uint  Disp_Time;
uchar Disp_Tab[18]={0x3f,0x06,0x5b,0x4f,0x66,0x6d,0x7d,0x07,
            //0    1    2    3    4    5    6    7
                0x7f,0x6f,0x77,0x7c,0x39,0x5e,0x79,0x71,0x00,0x40};
            //8    9    A    B    C    D    E    F   灭
uchar  Disp_Buf[8]={16,16,16,16,16,16,16,17};//显示缓存，由左到右
void   DelayMs(uint x);                      //延时子程序
uchar  Key_Scan(void);                       //键盘有无按键扫描
uchar  Key_Read(void);                       //键盘扫描子程序
void main(void)
{
    TMOD=0x02;
    TH0=0;TL0=0;
    TR0=1;ET0=1;EA=1;
    Disp_Time=0;Key_Num=0;
  while(1)
    {
        if(Key_Scan()>0)                     //有按键按下
         {
            Temp=Key_Read();                 //读按键值
            while(Key_Scan()==1);            //等待按键释放
            if(Disp_Buf[7]==17)  Disp_Buf[7]=16;
        if(Temp<16)     Key_Num=Temp;    //过滤掉按键抖动
        for(i=0;i<7;i++) Disp_Buf[i] =Disp_Buf[i+1] ;
        Disp_Buf[7] = Key_Num;
         }
```

```
    }//while(1) end
}//main() end
/*********************************************************
                    T0 中断函数
*********************************************************/
void Int_T0() interrupt 1
{
    P2=0xff;                                    //消隐
    P0=Disp_Tab[Disp_Buf[Disp_Time%8]];         //送段码
    P2=~(0x01<<(Disp_Time%8));                  //送位码
    Disp_Time++;
}
/*********************************
            延时函数
*********************************/
void DelayMs(uint x)                            //延时子程序
{
    uchar t;
    while(x--)  for(t=0;t<120;t++);
}
/************************************
        键盘有无按键扫描
    返回值: 16 为按键抖动
          0~15 为按键值
************************************/
uchar  Key_Read(void)                           //键盘扫描子程序
{
    uchar Num=16;            //没找到按下的按键,若是按键抖动,则返回16
    P1=0xfe;
    if(P1==0xee)        Num=0;
     else if(P1==0xde) Num=1;
     else if(P1==0xbe) Num=2;
     else if(P1==0x7e) Num=3;
    P1=0xfd;
    if(P1==0xed)        Num=4;
     else if(P1==0xdd) Num=5;
     else if(P1==0xbd) Num=6;
     else if(P1==0x7d) Num=7;
    P1=0xfb;
    if(P1==0xeb)        Num=8;
     else if(P1==0xdb) Num=9;
     else if(P1==0xbb) Num=10;
     else if(P1==0x7b) Num=11;
    P1=0xf7;
    if(P1==0xe7)        Num=12;
     else if(P1==0xd7) Num=13;
```

```
        else if(P1==0xb7) Num=14;
        else if(P1==0x77) Num=15;
      return Num;
}
/*********************************
          键盘有无按键扫描
    返回值：0 为无按键按下
          1 为有按键按下
*********************************/
uchar Key_Scan(void)
{
  uchar Key_Num;
    P1=0xf0;
    if((P1&0xf0)==0xf0)
    {
        Key_Num=0;                            //无按键按下，返回0
    }
    else
    {
        DelayMs(20);
        if((P1&0xf0)==0xf0) Key_Num=0;        //按键抖动，返回0
        else                Key_Num=1;        //有按键按下，返回1
    }
      return Key_Num;
}
```

示例程序二：

```
#include <reg51.h>
#include <intrins.h>
#define uchar unsigned char
#define uint unsigned int
uchar code table[]={0x3f,0x06,0x5b,0x4f,0x66, 0x6d, 0x7d,0x07,0x7f,
0x6f,0x77,0x7c,0x39,0x5e,0x79,0x71,0x00};

uchar Display_Buffer[]={ 16,16,16,16,16,16,16,16};
void delay(uint z)
{
    uint x,y;
    for(x=z;x>0;x--)
        for(y=110;y>0;y--);
}

kscan(void)
{
    uchar i, temp,num=16;
    for(i=0;i<4;i++)
```

```
        {
            P1=_crol_(0xef,i);                    //扫描
            temp=P1;
            temp=temp & 0x0f;
            if(temp!=0x0f)
            {
                delay(20);
                temp=P1;
                temp=temp & 0x0f;
                if(temp!=0x0f)
                {
                    temp=P1;
                    switch(temp)
                    {
                        case 0xe7:num=12;break;
                        case 0xeb:num=8;break;
                        case 0xed:num=4;break;
                        case 0xee:num=0;break;

                        case 0xd7:num=13;break;
                        case 0xdb:num=9;break;
                        case 0xdd:num=5;break;
                        case 0xde:num=1;break;

                        case 0xb7:num=14;break;
                        case 0xbb:num=10;break;
                        case 0xbd:num=6;break;
                        case 0xbe:num=2;break;

                        case 0x77:num=15;break;
                        case 0x7b:num=11;break;
                        case 0x7d:num=7;break;
                        case 0x7e:num=3;break;
                        default:break;
                    }
                    while((temp & 0x0f)!=0x0f)        //等待按键释放
                    {
                        temp=P1;

                    }
                }
            }
        }
    return num;
}
```

```
void main()
{
    int k,m=0x7f,num;
    P0=0x00;                                    //关闭数码管的段选
    P2=0xff;                                    //关闭数码管的位选
    while(1)
    {

        num=kscan();
        if(num!=16)
        {
            for(k=1;k<8;k++)
                {
                Display_Buffer[k-1]=Display_Buffer[k];//显示向前移动一位
                }
            Display_Buffer[7]=num;
            num=16;

        }
        for(k=0;k<8;k++)
            {
                m=_crol_(m,1);
                P2=m;
                P0=table[Display_Buffer[k]];
                delay(2);
            }
    }
}
```

（3）将在 µVision4 IDE 软件中生成的*.hex 文件下载到 Proteus 仿真电路图的单片机
芯片中，观察实验现象，实验仿真电路图如图 10-22 所示。

本实验选取的元器件如下。

① 单片机：AT89C52。

② 电阻：RES。

③ 开关：BUTTON。

④ 瓷片电容：CAP。

⑤ 电解电容：CAP-ELEC。

⑥ 8 位共阴极数码管：7SEG-MPX8-CC-BLUE。

⑦ 晶振：CRYSTAL。

⑧ 驱动芯片：74LS245。

⑨ 排阻：RX8，RESPACK-8。

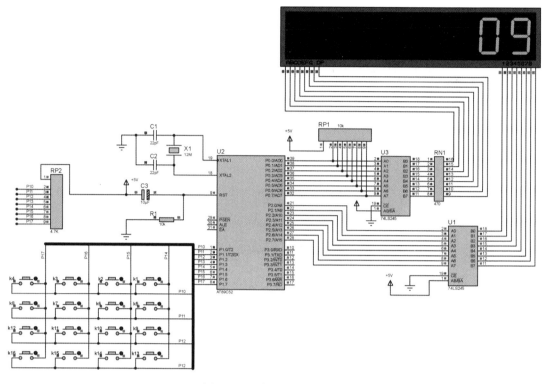

图 10-22 实验仿真电路图

六、思考题

（1）画出矩阵键盘和数码管与单片机的接口电路原理图，并简要分析该电路的工作过程。

（2）图 10-21 共采用了 P0、P1、P2 三个 I/O 口，思考更节省 I/O 口线的方案？请画出电路示意图。

实验七　8255 可编程并行 I/O 扩展接口实验

一、实验目的

（1）熟悉 8255 并行接口芯片的基本工作原理及应用。

（2）掌握单片机与 8255 的接口电路设计和程序设计。

二、实验设备

（1）USB 连接线。

（2）8255 可编程并行 I/O 扩展接口模块。

（3）单片机最小系统教学实验模块。

三、实验要求

（1）连接单片机最小系统模块、8255 可编程并行 I/O 扩展接口电路，使两路发光二极管以一定规律点亮：① 逐行循环点亮；② 逐列循环点亮。

（2）连接单片机最小系统模块、8255 可编程并行 I/O 扩展接口电路，要求 8255 的 PB 口所接的开关控制 PA 口和 PC 口所接的发光二极管，且 PA 口和 PC 口所接的发光二极管的状态相反（一亮一灭）。

（3）用 Proteus 仿真软件画出实验仿真电路图，将在 μVision4 IDE 软件中生成的*.hex 文件下载到 Proteus 仿真电路图的单片机芯片中，观察实验现象。

四、实验原理

8255 是一个具有 3 个 8 位并行口，并且可编程为多种工作模式的芯片。由于 8255 的每个口上都具有输入/输出的缓冲和锁存功能，因此可用于扩展单片机有限的 I/O 口，作为单片机和外围元器件的中间接口电路。

1．引脚说明

8255 共有 40 个引脚，采用双列直插的封装方式，主要引脚功能如下。

D7～D0：三态双向数据线，与单片机数据总线连接。

CS：片选信号线，低电平有效。

RD：读出信号线，低电平有效。

WR：写入信号线，低电平有效。

PA7～PA0：A 口输入/输出线。

PB7～PB0：B 口输入/输出线。

PC7～PC0：C 口输入/输出线。

RESET：芯片复位信号线。

A1～A0：地址线，用来指定 8255 内部端口。

2．内部结构、工作状态和基本工作方式

（1）A 口、B 口、C 口

A 口为 8 位数据传送，在数据输入或输出时均受到锁存。

B 口为 8 位数据传送，在数据输入时不受锁存，而在数据输出时会受到锁存。

C 口为 8 位数据传送，在数据输入时不受锁存，而在数据输出时会受到锁存。

（2）8255 工作状态的选择

8255 工作状态的选择如表 10-4 所示。

（3）8255 的基本工作方式

8255 是通过在控制端口中设置控制字来决定其工作方式的。8255 有以下三种基本工作方式。

① 方式 0——基本输入/输出方式。

② 方式 1——选通输入/输出方式。

③ 方式 2——双向选通输入/输出方式。

表 10-4　8255 工作状态的选择

A1	A0	RD	WR	CS	工作状态
0	0	0	1	0	A 口数据→数据总线
0	1	0	1	0	B 口数据→数据总线
1	0	0	1	0	C 口数据→数据总线
0	0	1	0	0	数据总线→A 口
0	1	1	0	0	数据总线→B 口
1	0	1	0	0	数据总线→C 口
1	1	1	0	0	数据总线→控制寄存器

8255 的 A 口可以工作在三种工作方式中的任何一种，B 口只能工作在方式 0 或方式 1，C 口则常常配合 A 口和 B 口进行工作，并为这两个口的输入/输出传送提供控制信号和状态信号。

方式 0 是一种基本输入/输出方式。该方式将 PA0～PA7、PB0～PB7、PC0～PC3、PC4～PC7 全部输入/输出线都用作传送数据，各口是输入还是输出由方式控制字来设置。这种方式多用于同步传送和查询式传送。

8255 的方式控制字如图 10-23 所示。

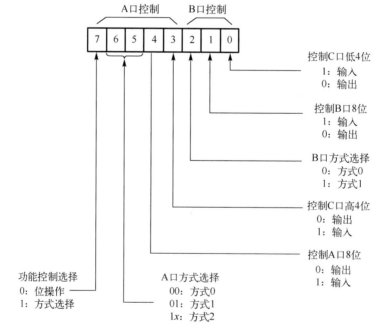

图 10-23　8255 的方式控制字

方式 1 是一种选通输入/输出方式。该方式把 A 口和 B 口均用作数据传送，C 口的部分引脚作为固定的专用应答信号，可以通过方式控制字设置 A 口和 B 口均工作在方式 1。方式 1 多用于查询传送和中断传送。

方式 2 是一种双向选通输入/输出方式。该方式将 A 口用作双向输入/输出口，C 口的 PC3～PC7 作为专用应答线。方式 2 只用于 A 口，在方式 2 下，外设可以通过 A 口的 8 位数据线向 CPU 发送数据，也可以从 CPU 接收数据。

当 8255 接收到写入控制端口的控制字时，首先测试控制字的最高位，若为 1，则是方式选择控制字；若为 0，则不是方式选择控制字，而是对 C 口的置 1/置 0 控制字，这是由于 C 口的每位都可以作为控制位来使用。C 口的置 1/置 0 控制字是写到控制端口，而不是写到 C 口。

3．电路实物和原理图

8255 和 ADC0809 在同一块实验板上，实物图如图 10-24 所示。

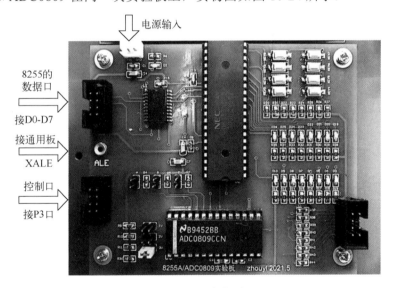

图 10-24　实物图

图 10-25 为采用 8255 的电路原理图，单片机的地址线 8255 用了 P0.7、P0.1 和 P0.0。数据线用了 P0，控制总线用了 P3.6、P3.7 和 ALE，只耗费了少量器件和单片机 I/O 口线便完成了控制电路。

五、实验步骤

（1）参考图 10-23 和图 10-24 进行电路设计，并画出电路原理图（见图 10-25），并用导线正确连接 8255 可编程 I/O 扩展接口模块和单片机最小系统模块。

（2）编写程序。连接好仿真器，对编写的程序进行仿真调试。

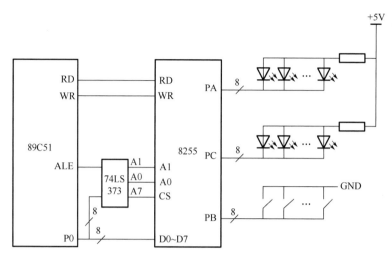

图 10-25　电路原理图

根据实验要求（1），逐行点亮发光二极管的示例程序如下，逐列点亮发光二极管的示例程序需读者自己编写。

```c
#include <reg51.h>
#include <absacc.h>
#include <intrins.h>
#define uint unsigned int
#define uchar unsigned char
//PA 口、PB 口、PC 口及命令端口地址的定义
#define PA XBYTE[0x7f00]
#define PB XBYTE[0x7f01]
#define PC XBYTE[0x7f02]
#define COM XBYTE[0x7f03]

void Delay(uint x)
{
    uchar i;
    while(x--)
    {
        for(i=0;i<120;i++);
    }
}

void main()
{
    uchar k,m=0x7f;
    COM=0x80;
    while(1)
    {
        for(k=0;k<8;k++)          //轮流点亮第一排发光二极管          {
```

```
            m=_crol_(m,1);
            PA = m;
            Delay(100);
        }
        PA = 0xff;                    //关闭第一排发光二极管

        for(k=0;k<8;k++)              //轮流点亮第二排发光二极管
        {
            m=_crol_(m,1);
            PC = m;
            Delay(100);
        }
        PC = 0xff;                    //关闭第二排发光二极管
    }
}
```

根据实验要求（2），分别用指针和绝对地址两种方法，编写如下两种示例程序。

示例程序一（用指针）：

```
#include "reg52.h"
#define uchar  unsigned char
#define uint   unsigned int
uchar i,Key;
uchar xdata *P8255;
void Delay(void);              //延时函数
/***********************************************
                主函数
***********************************************/
void main(void)
{
    P8255=0x7f03;
    *P8255=0x82;
  while(1)
    {
        P8255=0x7f01;                //KEY
        Key=*P8255;
        P8255=0x7f00;                //PA=key，状态
        *P8255=Key;
        P8255=0x7f02;
        *P8255=~Key;
        Delay();
    }
}
/*************************************************
                延时函数
*************************************************/
```

```
void Delay(void)
{
    uint i,t;
    for(i=0;i<20;i++)
      for(t=0;t<100;t++);
}
```

示例程序二（用绝对地址）：

```
#include "reg52.h"
#include "absacc.h"
#define uchar  unsigned char
#define uint   unsigned int
#define PA XBYTE[0x7f00]
#define PB XBYTE[0x7f01]
#define PC XBYTE[0x7f02]
#define COM XBYTE[0x7f03]
uchar i,Key;
void Delay(void);                  //延时函数
/*************************************************
                    主函数
*************************************************/
void main(void)
{
    COM=0x82;
    while(1)
    {
        Key=PB;
        PA=Key;
        PC=~Key;
        Delay();
    }
}
/****************************************************
                    延时函数
****************************************************/
void Delay(void)
{
    uint i,t;
    for(i=0;i<20;i++)
      for(t=0;t<100;t++);
}
```

（3）将在 μVision4 IDE 软件中生成的*.hex 文件下载到 Proteus 仿真电路图的单片机芯片中，观察实验现象，实验仿真电路图如图 10-26 所示。

本实验选取的元器件如下。

（1）单片机：AT89C52。

（2）电阻：RES。

（3）锁存器：74LS373。

（4）瓷片电容：CAP。

（5）电解电容：CAP-ELEC。

（6）发光二极管：LED-YELLOW。

（7）晶振：CRYSTAL。

（8）并行 I/O 芯片：8255A。

（9）开关：BUTTON。

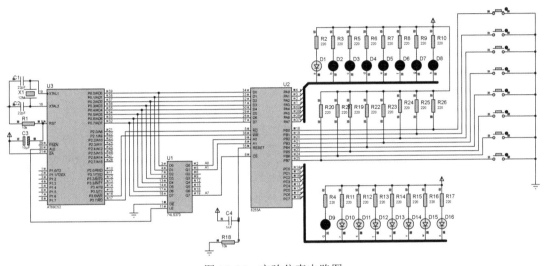

图 10-26　实验仿真电路图

六、思考题

（1）请写出图 10-26 中 8255 的 4 个端口地址分别是多少？

（2）若将 PA 口作为输入口，PB 口和 PC 口均作为输出口，请写出控制字。

实验八　A/D 转换器接口设计实验

一、实验目的

（1）了解 ADC0809 转换器的工作原理。

（2）掌握 51 单片机与 ADC0809 转换器的接口电路设计及程序设计。

二、实验设备

（1）A/D 转换模块（ADC0809）。

（2）单片机最小系统教学实验模块。

（3）数码管显示模块。

三、实验要求

（1）要求用单片机最小系统、A/D 转换模块、数码管显示模块组成一个简单的数字电压表。将 0～5V 的模拟信号作为数字电压表的输入，需要将通过数码管显示模块测得的当前电压值精确到 0.01V。从 0～5V 中取 20 个电压值进行测量，并与校准过的万用表测量的电压值进行比较。

（2）用 Proteus 仿真软件画出实验仿真电路图，将在 μVision4 IDE 软件中生成的*.hex 文件下载到 Proteus 仿真电路图的单片机芯片中，观察实验现象。

四、实验原理

计算机处理的信息为数字量，而对控制现场进行控制时，被控对象一般是连续变化的模拟量，模拟量必须经过转换，变为数字量才能被计算机处理，将模拟量转换为数字量的过程称为 A/D 转换。

1. ADC0809 工作原理和结构

ADC0809 是 CMOS 数据采集元器件，片内含 8 路模拟开关，可允许 8 路模拟量输入，控制逻辑与微处理器的逻辑兼容。8 位 A/D 转换器的转换技术为逐次逼近法，具有一个高输入阻抗的比较器。一个 256R 具有模拟开关的分压电阻阵列，以便逼近输入电压。元器件不需要外部调零或满量程调整。通过锁存、复用地址解码、TTL 三态输出，可以很方便地与微处理器进行连接。ADC0809 的内部逻辑图如图 10-27 所示。

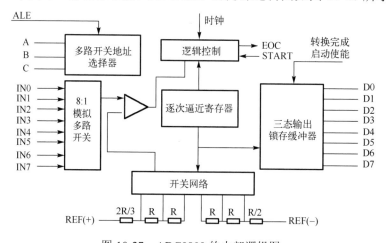

图 10-27　ADC0809 的内部逻辑图

ADC0809 的主要性能指标如下。

① 单一+5V 电源供电。

② 非调整误差：±1.2LSB 和 ±1LSB。

③ 模拟输入电压：0～+5V。

④ 功耗：15mW，低功耗。

⑤ 转换时间：100μS。

ADC0809 的封装引脚图如图 10-28 所示。

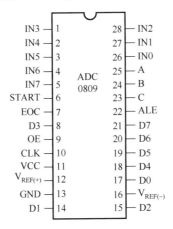

图 10-28 ADC0809 的封装引脚图

ADC0809 的引脚定义如表 10-5 所示。

表 10-5 ADC0809 的引脚定义

引脚名	功能
CLK	转换时钟输入，频率不超过 640kHz
地址 A,B,C	8 选 1 模拟通道的选择口
VREF（+）、VREF（-）	参考电压，可以分别接 5V 与地
EOC	转换完成通知口，若为 1，则表示转换完成
OE	输出使能口
DB0~DB7	数据输出口
IN0~IN7	8 个模拟输入通道
ALE	复用地址时的锁存端，可以锁存加到 A、B、C 口的地址信号
START	开始转换起动口，上升沿清除内部寄存器，下降沿启动转换

2．操作原理

通过地址 C、B 和 A，选择输入的模拟电压通道，如表 10-6 所示。

表 10-6 选择输入的模拟电压通道

选择的通道	地址线		
	C	B	A
IN0	L	L	L
IN1	L	L	H
IN2	L	H	L
IN3	L	H	H

续表

选择的通道	地址线		
	C	B	A
IN4	H	L	L
IN5	H	L	H
IN6	H	H	L
IN7	H	H	H

ADC0809 的操作时序图如图 10-29 所示。

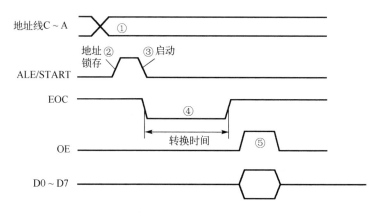

图 10-29　ADC0809 的操作时序图

根据操作时序图，可知 ADC0809 的工作过程如下。

① 把通道地址送到 C～A 上，选择一个模拟输入口。

② 在通道地址信号有效期间，ALE 上的上升沿使该地址锁存到内部地址锁存器中。

③ START 引脚上的下降沿启动 A/D 转换。

④ A/D 转换开始后，EOC 引脚呈现低电平，当 EOC 重新变为高电平时表示转换结束。

⑤ OE 信号打开，输出锁存器的三态门送出结果 。

五、实验步骤

1．硬件设计

本实验的实物图如图 10-30 所示，数码管的硬件连接位选接单片机的 P2 口，段选连接单片机的 P0 口，接线示意图如图 10-31 所示。

当电压为 +5V 的电源 VCC 本身波动不超过 ADC0809 的测量精度时，可以将参考基准电压输入口直接接到 VCC（V_{ref+}）和 GND（V_{ref-}）上。输入电压值与输出电压值之间的关系为 $V_{in} = D \times V_{ref}/255$，其中 D 为输出的数据值。由于 D 共有 256 个值，因此在 0～5V 范围内的测量的精度为 1/255<0.01，完全满足实验要求。

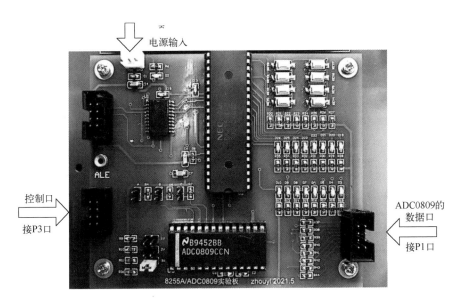

图 10-30　实物图

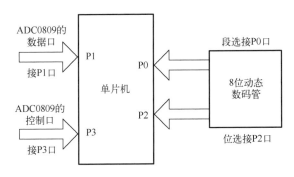

图 10-31　接线示意图

2．软件设计

根据硬件接线和 ADC0809 的操作时序图，编写以下两种示例程序：第一个示例程序显示的数值为 0～255，第二个示例程序显示的数值为 0～5.00。

示例程序一：

```c
#include "reg52.h"
#define uchar  unsigned char
#define uint   unsigned int
sbit Start = P3^2;                 //START 与 ALE 相连
sbit Eoc   = P3^5;
sbit Clock = P3^3;
sbit Out_En = P3^6;
uint Num;
uchar Disp_Time;
uchar Disp_Tab[17]={0x3f,0x06,0x5b,0x4f,0x66,0x6d,0x7d,0x07,
                    0x7f,0x6f,0x77,0x7c,0x39,0x5e,0x79,0x71,0x00};
```

```
uchar Disp_Buf[8];                    //显示缓存
void main(void)                       //主函数
{
    TMOD=0x02;TH0=0;TL0=0;TR0=1;ET0=1;EA=1;    //T0 初始化
    Disp_Time=0;
    Num=0;
    while(1)
    {
        Start = 0;  Start = 1;  Start = 0; //启动 A/D 转换，锁存通道地址
        while(Eoc == 0);              //等待转换结束
        Out_En = 1;                   //允许转换结束输出
        Num=P1;                       //取 ADC 值
        Disp_Buf[0]=Disp_Buf[1]=Disp_Buf[2]=Disp_Buf[3]=Disp_Buf[4]=16;
                                      //消隐高 5 位
        Disp_Buf[5]=(Num%1000)/100;
        Disp_Buf[6]=(Num%100)/10;
        Disp_Buf[7]= Num%10;
    }
}
void Int_T0() interrupt 1             //T0 中断函数
{
    Clock=~Clock;
    P2=0xff;                          //消隐
    P0=Disp_Tab[Disp_Buf[Disp_Time%8]]; //送段码
    P2=~(0x01<<(Disp_Time%8));        //送位码
    Disp_Time++;
}
```

示例程序二：

```
#include <reg51.h>
#define uint unsigned int
#define uchar unsigned char
sbit dp = P0^7;
uchar code LEDData[]=
{0x3f,0x06,0x5b,0x4f,0x66,0x6d,0x7d,0x07, 0x7f,0x6f}; //0~9 的字符编码
sbit OE = P3^6;
sbit EOC = P3^5;
sbit START = P3^2;
sbit CLK = P3^3;                              //P3.3 引脚输出时钟信号
void DelayMS(uint ms)
{
    uchar i;
    while(ms--)
    {
        for(i=0;i<120;i++);
```

```
        }
    }

    void Display_Result(uint d)
    {
        P2 = 0x7f;                       //显示个位数 1000 0000 0111 1111
        P0 = LEDData[d%10];
        DelayMS(5);
        P2 = 0xbf;                       //0100 0000 1011 1111
        P0 = LEDData[d%100/10];          //显示十位数
        DelayMS(5);
        P2 = 0xdf;                       //显示百位数
        P0 = LEDData[d/100];
        dp=1;                            //显示百位的小数点
        DelayMS(5);
    }
    void main()
    {
        uint v;
        TMOD = 0x02;
        TH0  = 0x14;
        TL0  = 0x14;
        IE   = 0x82;
        TR0  = 1;
        while(1)
        {
            START = 0;
            START = 1;
            START = 0;
            while(EOC == 0);
            OE = 1;
            v=P1*1.9607843;
            Display_Result(v);
            OE = 0;
        }
    }
    void Timer0_INT() interrupt 1
    {
        CLK = !CLK;
    }
```

由旋钮提供一个可变的电压,并测量该电压的输出值,并将该值与万用表测量的电压值进行比较。

3. 仿真电路图

将在 μVision4 IDE 软件中生成的*.hex 文件下载到 Proteus 仿真电路图的单片机芯片中,观察实验现象,实验仿真电路图如图 10-32 所示。

本实验选取的元器件如下。

（1）单片机：AT89C52。

（2）电阻：RES。

（3）排阻：RX8、RESPACK-8。

（4）瓷片电容：CAP。

（5）电解电容：CAP-ELEC。

（6）8 位共阴极数码管：7SEG-MPX8-CC-BLUE。

（7）晶振：CRYSTAL。

（8）电位计：POT-HG。

（9）A/D 转换器：ADC0808。

（10）驱动芯片：74LS245。

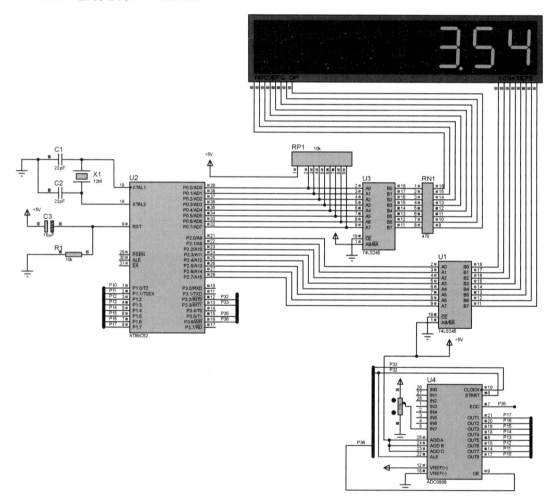

图 10-32　实验仿真电路图

六、思考题

要求修改实例程序和电路原理图,将数码管显示改为 LCD1602 液晶屏显示,显示内容如图 10-33 所示。提示,电路接线将数码管用到的 P2 口和 P0 口给液晶屏使用。

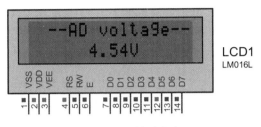

图 10-33　显示内容

实验九　定时器电子钟显示实验

一、实验目的

本实验为提高型实验。

(1)进一步掌握定时器的工作原理和应用。

(2)学习定时器中断嵌套和控制的方法。

二、实验设备

(1) USB 转串口线。

(2)单片机最小系统教学实验模块。

(3)数码管显示模块。

三、实验要求

编写程序使单片机达到如下所述的电子钟的功能。

(1)时钟功能,即显示当前时间(显示格式为 HH-MM-SS,HH 为小时,MM 为分钟,SS 为秒钟)。

(2)独立式键盘(S0、S1、S2 按键),将 S0 按键定义为小时的"+"调节,调节范围为 0~23;将 S1 按键定义为分钟的"+"调节,调节范围为 0~59;将 S2 按键定义为秒钟的"+"调节,调节范围为 0~59。

(3)用 Proteus 仿真软件画出实验仿真电路图,将在 μVision4 IDE 软件中生成的*.hex 文件下载到 Proteus 仿真电路图的单片机芯片中,观察实验现象。

四、实验原理

若要实现时钟功能,则需要在数码管上显示小时、分钟和秒钟,因此,可以在内部存储空间分别定义它们的显示缓存空间，用于分别存放小时、分钟和秒钟的值，各占 2 字节。

由于要求时钟一直计时，因此需要采用内部定时器自动计时，使用定时器中断处理程序来定时并进行时间数值的刷新。51 单片机的 2 个定时器都具有 16 位定时器的工作模式。当晶振为 12MHz 时，16 位定时器的最大定时值为 65.536ms。若要将最大定时值达到 1s，则可以采用两种方法：方法一是采用一个定时器定时与软件计数相结合的方法；方法二是采用两个定时器级联的方法。由于秒钟在计时时也需要用到 1 个定时器，因此我们采用方法一，只使用 1 个定时器，如使用 T0。为了达到较为准确的计时，使 T0 的溢出时间为 50ms，使用 1 字节作为软件计数器，计数值为 0。定时器的中断处理程序对计数值进行加 1 操作，当计数值为 20 时，最大定时值达到 1s，此时更新存放小时、分钟、秒钟的显示缓存区。

五、实验步骤

（1）参考如图 10-34 所示的电路连接示意图。

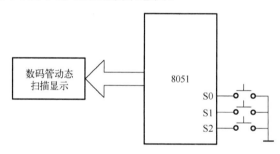

图 10-34　电路连接示意图

（2）调试电路和程序，使其满足实验要求。

参考程序如下（其中按键的功能没加进去，如需要修改时间按键功能，请读者自行修改）。

```
#include<reg51.h>
#define uint unsigned int
#define uchar unsigned char
uchar temp1,temp2,temp3,aa,miaoshi,miaoge,fenshi,fenge,shishi,shige;
uchar code table[]={0x3f,0x06,0x5b,0x4f,0x66,0x6d,0x7d,0x07,0x7f,0x6f};
                            //0～9的字符编码，共阳极数码管码表
void display(uchar shishi,uchar shige,uchar fenshi,uchar fenge,uchar
    miaoshi,uchar miaoge);      //显示子程序
void delay(uint z);             //延时子程序
void init();
void main()
{
    init();                     //初始化子程序
```

```
        while(1)
        {
            if(aa==20)
              {
                aa=0;
                temp1++;
                if(temp1==60)
                  {

                            temp1=0;
                            temp2++;
                    }
                if(temp2==60)
                {
                    temp2=0;
                    temp3++;
                }
                if(temp3==24)
                {
                    temp3=0;
                }
                miaoshi=temp1/10;
                miaoge=temp1%10;
                fenshi=temp2/10;
                fenge=temp2%10;
                shishi=temp3/10;
                shige=temp3%10;
              }
            display(shishi,shige,fenshi,fenge,miaoshi,miaoge);

        }
    }
    void delay(uint z)
    {
        uint x,y;
        for(x=z;x>0;x--)
            for(y=110;y>0;y--);
    }


    void display(uchar shishi,uchar shige,uchar fenshi,uchar fenge,uchar
miaoshi,uchar miaoge)
    {
        P2=0xbf;          //送入秒针十位数码管位选信号，显示数字 1011 1111
            P0=table[miaoshi];  //送入秒针十位数码管的段选信号
            delay(1);
            P2=0x7f;      //送入秒针个位数码管位选信号，显示数字 0111 1111
            P0=table[miaoge];   //送入秒针个位数码管的段选信号
```

```
        delay(1);
        P2=0xf7;        //送入分针十位数码管位选信号,显示数字 1111 0111
        P0=table[fenshi];   //送入分针十位数码管的段选信号
        delay(1);
        P2=0xef;        //送入分针个位数码管位选信号,显示数字 1110 1111
        P0=table[fenge];        //送入分针个位数码管的段选信号
        delay(1);
        P2=0xfe;        //送入时针十位数码管位选信号,显示数字 1111 1110
        P0=table[shishi];   //送入时针十位数码管的段选信号
        delay(1);
        P2=0xfd;        //送入时针个位数码管位选信号,显示数字 1111 1101
        P0=table[shige];        //送入时针个位数码管的段选信号
        delay(1);
        P2=0xdf;        //1101 1111
        P0=0x40;        //显示"-"0100 0000
        delay(1);
        P2=0xfb;        //1111 1011
        P0=0x40;        //显示"-"
        delay(1);
}

void init()
{
    temp1=21;               //将初始值设为 21s
    temp2=24;               //将初始值设为 24min
    temp3=21;               //将初始值设为 21h
    TMOD=0x01;              //设置 T0 为定时器模式,且工作在方式 1
    TH0=(65536-50000)/256;
    TL0=(65536-50000)%256;
    EA=1;                   //开总中断
    ET0=1;                  //允许 T0 中断
    TR0=1;                  //启动 T0
}

void timer0() interrupt 1
{
    TH0=(65536-50000)/256;
    TL0=(65536-50000)%256;
    aa++;
}
```

3. 仿真电路图

将在 μVision4 IDE 软件中生成的*.hex 文件下载到 Proteus 仿真电路图中的单片机芯片中,观察实验现象,实验仿真电路图如图 10-35 所示。

本实验选取的元器件如下。

（1）单片机：AT89C52。

（2）电阻：RES。

（3）排阻：RX8、RESPACK-8。

（4）瓷片电容：CAP。

（5）电解电容：CAP-ELEC。

（6）8 位共阴极数码管：7SEG-MPX8-CC-BLUE。

（7）晶振：CRYSTAL。

（8）驱动芯片：74LS245。

（9）开关：BUTTON。

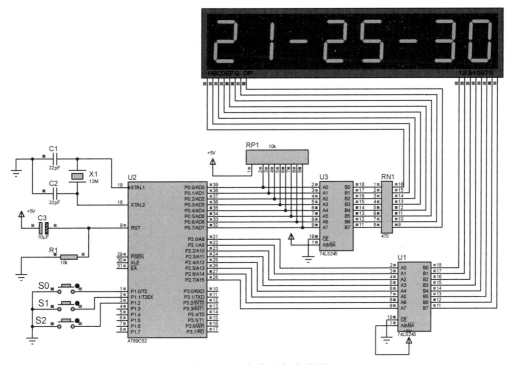

图 10-35　实验仿真电路图

六、思考题

（1）在使用按键调整时、分、秒时，程序是如何让显示结果随着按键实时变化的？

（2）如果定时器换成 T1，那么该如何修改程序？

实验十　DS1302 时钟实验

一、实验目的

（1）掌握同步串行的通信原理。

（2）掌握 DS1302 的工作原理和应用。

二、实验设备

（1）USB 转串口线。

（2）单片机最小系统教学实验模块。

（3）数码管显示模块。

三、实验要求

编写程序，使单片机实现如下所述的时钟的功能。

（1）时钟功能，即显示当前时间（显示格式为 HH-MM-SS，HH 为小时，MM 为分钟，SS 为秒钟）。

（2）独立式键盘（S0、S1、S2 按键），将 S0 按键定义为小时的+调节，调节范围为 0～23；将 S1 按键定义为分钟的+调节，调节范围为 0～59；将 S2 按键定义为秒钟的+调节，调节范围为 0～59。

（3）用 Proteus 仿真软件画出实验仿真电路图，将在 µVision4 IDE 软件中生成的*.hex 文件下载到 Proteus 仿真电路图的单片机芯片中，观察实验现象。

四、实验原理

DS1302 是美国 DALLAS 公司推出的一种高性能、低功耗的实时时钟芯片，附加 31 字节静态 RAM，采用 SPI 三线接口与单片机进行同步通信。实时时钟可提供秒、分、时、日、星期、月和年数据，当 1 个月小于 31 天时，时钟可以自动调整，并具有闰年补偿功能。时钟的工作电源范围为 2.5～5.5V。时钟采用双电源供电（主电源和备用电源），可设置备用电源充电方式，提供了对后备电源进行涓流充电的能力，DS1302 引脚如图 10-36 所示，DS1302 接口信号如表 10-7 所示。

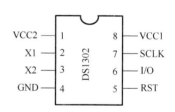

图 10-36　DS1302 引脚

表 10-7　DS1302 接口信号

编号	符号	引脚说明	编号	符号	引脚说明
1	VCC2	主电源	5	RST	复位
2	X1	X1 与 X2 之间接晶振	6	I/O	数据口
3	X2	晶振值为 32.768kHz	7	SCLK	串行时钟
4	GND	接地	8	VCC1	备用电源

DS1302 中的有关日历、时间的寄存器共有 12 个，其中 7 个寄存器分别存放秒、分、时、日、月、周、年数据，在进行读操作时，地址为 81～8DH，在进行写操作时，地址为 80～8CH，存放的数据格式为 BCD 码形式，内部时间寄存器定义如表 10-8 所示。

表 10-8　内部时间寄存器定义

读寄存器	写寄存器	BIT7	BIT6	BIT5	BIT4	BIT3	BIT2	BIT1	BIT0	范围
81H	80H	CH	十位秒			个位秒				00～59
83H	82H		十位分			个位分				00～59
85H	84H	$12/\overline{24}$	0	10 AM/PM	十位时	个位时				1～12/0～23
87H	86H	0	0	十位日		个位日				1～31
89H	88H	0	0	0	十位月	个位月				1～12
8BH	8AH	0	0	0	0	0	星期			1～7
8DH	8CH	十位年				个位年				00～99
8FH	8EH	WP	0	0	0	0	0	0	0	—

通过不断读取时间寄存器来实时获取时间和日期，关于时间寄存器的使用有以下几点说明。

（1）秒寄存器（81H、80H）的位 7 是时钟暂停标志（CH）。当初始上电时，将该位置为 1，时钟振荡器停止，DS1302 处于低功耗状态，只有将秒寄存器的该位置 0 时，时钟才开始计时。

（2）控制寄存器（8FH、8EH）的位 7 是写保护位（WP），其他 7 位均置为 0。在对时钟和 RAM 进行写操作之前，WP 位必须为 0。当 WP 位为 1 时，写保护位使能，防止对任意一个寄存器进行写操作。也就是说，在电路上电的初始状态时 WP 位为 1，这时不能改写上面任何一个时间寄存器中的值，只有首先将 WP 位改为 0，才能进行寄存器的写操作，写保护的目的是防止误操作。

DS1302 读写时序操作图如图 10-37 所示。

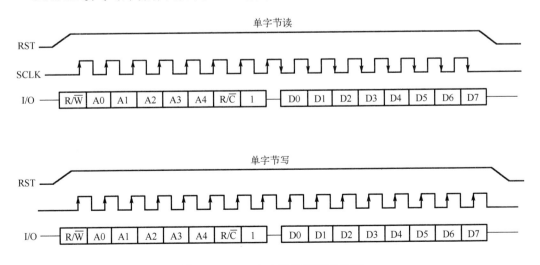

图 10-37　DS1302 读写时序操作图

五、实验步骤

（1）时钟电路实验板的实物图如图 10-38 所示。

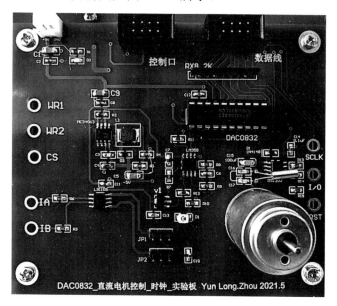

图 10-38　时钟电路实验板的实物图

（2）调试电路和程序，使其满足实验要求。

参考程序如下（其中按键的功能没加进去，如需要修改时间按键的功能，请读者自行修改程序）。

```c
#include "reg52.h"
#define uchar  unsigned char
#define uint   unsigned int
sbit  SCLK  = P3^6;
sbit  SDATA = P3^7;
sbit  RST   = P3^4;
uint i;
uint shi,Fen,Miao;
uint Disp_Time;
uchar Disp_Tab[17]={0x3f,0x06,0x5b,0x4f,0x66,0x6d,0x7d,0x07,
                    0x7f,0x6f,0x77,0x7c,0x39,0x5e,0x79,0x71,0x40};
uchar Disp_Buf[8];              //显示缓存
uchar Time_Date[8];
uchar code Read_Add[7]  ={0x81,0x83,0x85,0x87,0x89,0x8b,0x8d};
                          //秒、分、时、日、月、年，读的寄存器地址
uchar code Write_Add[7] ={0x80,0x82,0x84,0x86,0x88,0x8a,0x8c};
                          //秒、分、时、日、月、年，写的寄存器地址
```

```
//----------------- 函数声明 -----------------------

void    delaynus(uchar n);
uchar   ReadSet1302(uchar Cmd);
uchar   Read1302(void);
void    Write1302(uchar dat);
void    WriteSet1302(uchar Cmd,uchar dat);
void    Read_RTC(void);


/***************************************************
                主函数
***************************************************/
void main(void)
{
    TMOD=0x02;                              //T0 定时扫描发光二极管
    TH0=0;
    TL0=0;
    TR0=1;
    ET0=1;EA=1;
    Disp_Time=0;

  while(1)
    {
        Read_RTC();
    Disp_Buf[0]= (Time_Date[2]%24)/10;
    Disp_Buf[1]= (Time_Date[2]%24)%10;
        Disp_Buf[2]=16;
    Disp_Buf[3]= Time_Date[1]/10;
    Disp_Buf[4]= Time_Date[1]%10;
        Disp_Buf[5]=16;
        Disp_Buf[6]= Time_Date[0]/10;
        Disp_Buf[7]= Time_Date[0]%10;


    }
}
/********************************************************************
                T0 中断函数
********************************************************************/
void Int_T0() interrupt 1
{
    P2=0xff;                                //消隐
    P0=Disp_Tab[Disp_Buf[Disp_Time%8]];     //送段码
    P2=~(0x01<<(Disp_Time%8));              //送位码
    Disp_Time++;


}
```

```
/**************************************************
*函数名称: void Read_RTC(void)                    //读取日历
*函数功能: 读取日历
***************************************************/
void Read_RTC(void)
{
    uchar i,*p,tmp;
    p=Read_Add;                                  //读的地址传递
    for(i=0;i<7;i++)                             //分7次读取秒、分、时、日、月、年
        {
            Time_Date[i]=ReadSet1302(*p);
            p++;
        }
    for(i=0;i<7;i++)                             //BCD处理,将十进制数转换成十六进制数
        {
            tmp=Time_Date[i]/16;
            Time_Date[i]=Time_Date[i]%16;
            Time_Date[i]=Time_Date[i]+tmp*10;
        }
}
/**************************************************
函数功能: 延时若干μs
入口参数: n
**************************************************/
void delaynus(unsigned char n)
{
unsigned char i;
for(i=0;i<n;i++)
    ;
}


/**************************************************
函数功能: 根据命令字,从1302读取1字节数据
入口参数: Cmd
**************************************************/
unsigned char  ReadSet1302(unsigned char Cmd)
{
  unsigned char dat;
  RST=0;                        //拉低RST
  SCLK=0;                       //确保写数据前SCLK被拉低
  RST=1;                        //启动数据传输
  Write1302(Cmd);               //写入命令字
  dat=Read1302();               //读出数据
  SCLK=1;                       //将时钟电平置于已知状态
  RST=0;                        //禁止数据传递
  return dat;                   //将读出的数据返回
```

```
}

/*****************************************************/
函数功能：向 1302 写 1 字节数据
入口参数：x
*****************************************************/
void Write1302(unsigned char dat)
{
  unsigned char i;
  SCLK=0;                        //拉低 SCLK，为脉冲上升沿写入数据做好准备
  delaynus(2);                   //短暂等待，使硬件做好准备
  for(i=0;i<8;i++)               //连续写 8 个二进制位数据
    {
              SDATA=dat&0x01;    //取出 dat 的第 0 位数据写入 1302
              delaynus(2);       //短暂等待，使硬件做好准备
              SCLK=1;            //上升沿写入数据
              delaynus(2);       //短暂等待，使硬件做好准备
              SCLK=0;            //重新拉低 SCLK，形成脉冲
              dat>>=1;   //将 dat 的各数据位右移 1 位，准备写入下一个数据位
          }

}

/*****************************************************/
函数功能：根据命令字向 1302 写 1 字节数据
入口参数：Cmd，储存命令字；dat，储存待写的数据
*****************************************************/
void WriteSet1302(unsigned char Cmd,unsigned char dat)
{
        RST=0;                 //禁止数据传递
         SCLK=0;               //确保写数据前 SCLK 被拉低
        RST=1;                 //启动数据传输
        delaynus(2);           //短暂等待，使硬件做好准备
        Write1302(Cmd);        //写入命令字
        Write1302(dat);        //写数据
        SCLK=1;                //将时钟电平置于已知状态
        RST=0;                 //禁止数据传递
}

/*****************************************************/
函数功能：从 1302 读 1 字节数据
入口参数：x
*****************************************************/
unsigned char Read1302(void)
{
```

```
unsigned char i,dat;
    delaynus(2);            //短暂等待，使硬件做好准备
    for(i=0;i<8;i++)        //连续读 8 个二进制位数据
    {
      dat>>=1;    //将 dat 的各数据位右移 1 位，因为先读出的是字节的最低位
            if(SDATA==1)    //如果读出的数据是 1
            dat|=0x80;      //将 1 取出，写在 dat 的最高位
            SCLK=1;         //将 SCLK 置于高电平，为下降沿读出
            delaynus(2);    //短暂等待
            SCLK=0;         //拉低 SCLK，形成脉冲下降沿
            delaynus(2);    //短暂等待
    }
    return dat;             //将读出的数据返回
}
```

（3）将在 µVision4 IDE 软件中生成的*.hex 文件下载到 Proteus 仿真电路图的单片机芯片中，观察实验现象，实验仿真电路图如图 10-39 所示。

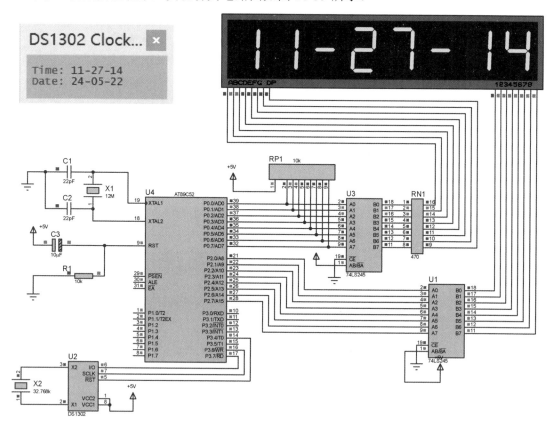

图 10-39　实验仿真电路图

本实验选取的元器件如下。

① 单片机：AT89C52。

② 电阻：RES。

③ 排阻：RX8，RESPACK-8。

④ 瓷片电容：CAP。

⑤ 电解电容：CAP-ELEC。

⑥ 8 位共阳极数码管：7SEG-MPX8-CA-BLUE。

⑦ 晶振：CRYSTAL。

⑧ 驱动芯片：74LS245。

⑨ 时钟芯片：DS1302。

六、思考题

（1）数码管显示多长时间刷新一次？程序是如何实现的？

（2）如果要求在数码管上显示年、月、日，那么该如何修改程序？

参 考 文 献

[1] 吴宁，乔亚男.微型计算机原理与接口技术（第 4 版）[M]. 北京：清华大学出版社，2016.

[2] 陈逸菲，孙宁，叶彦斐，等. 微机原理与接口技术实验及实践教程——基于 Proteus 仿真[M]. 北京：电子工业出版社，2019.

[3] 牟琦. 微机原理与接口技术（第 3 版）[M]. 北京：清华大学出版社，2018.

[4] 陆红伟. 微机原理实验与课程设计指导书[M]. 北京：中国电力出版社，2014

[5] 顾晖. 微机原理与接口技术——基于 8086 和 Proteus 仿真（第 3 版）[M]. 北京：电子工业出版社，2011.

[6] 王东锋，陈园园，郭向阳. 单片机 C 语言应用 100 例（第 2 版）[M]. 北京：电子工业出版社，2016.

[7] 彭伟. 单片机 C 语言程序设计实训 100 例——基于 8051+Proteus 仿真（第 2 版）[M]. 北京：电子工业出版社，2012.

[8] 张齐，朱宁西. 单片机应用系统设计技术——基于 C51 的 Proteus 仿真（第 3 版）实验、题库、题解[M]. 北京：电子工业出版社，2015.

[9] 兰红，陆广平，仓思雨. 单片机课程设计仿真与实践指导[M]. 北京：机械工业出版社，2020.

[10] 张兰红，邹华，刘纯利.单片机原理及应用（第 2 版）[M]. 北京：机械工业出版社，2018.